Ei Mon Mon Aung

Melhoria das subestações de distribuição de 230 kV através da utilização do sistema SCADA

Ei Mon Mon Aung

Melhoria das subestações de distribuição de 230 kV através da utilização do sistema SCADA

ScienciaScripts

Imprint

Any brand names and product names mentioned in this book are subject to trademark, brand or patent protection and are trademarks or registered trademarks of their respective holders. The use of brand names, product names, common names, trade names, product descriptions etc. even without a particular marking in this work is in no way to be construed to mean that such names may be regarded as unrestricted in respect of trademark and brand protection legislation and could thus be used by anyone.

Cover image: www.ingimage.com

This book is a translation from the original published under ISBN 978-620-2-01381-9.

Publisher:
Sciencia Scripts
is a trademark of
Dodo Books Indian Ocean Ltd. and OmniScriptum S.R.L publishing group

120 High Road, East Finchley, London, N2 9ED, United Kingdom
Str. Armeneasca 28/1, office 1, Chisinau MD-2012, Republic of Moldova, Europe
Printed at: see last page
ISBN: 978-620-7-67994-2

ÍNDICE DE CONTEÚDOS

AGRADECIMENTOS

Em primeiro lugar, a autora gostaria de expressar a sua mais profunda gratidão a Sua Excelência o Ministro Dr. Myo Thein Gyi, do Ministério da Educação, pela abertura do Curso Intensivo especial conducente ao grau de Doutor em Engenharia na Universidade Tecnológica de Rangum e a Sua Excelência o Ministro U Phay Zin Tun, do Ministério da Eletricidade e Energia, pela autorização para frequentar este curso de doutoramento em serviço.

Agradecimentos especiais são devidos ao Dr. Myint Thein, Reitor da Universidade Tecnológica de Rangum, pela sua motivação relativamente ao programa da tese.

O autor está muito grato ao Dr. Wunna Swe, Professor Associado e Diretor do Departamento de Engenharia de Energia Eléctrica da Universidade Tecnológica de Rangum, pelo seu inestimável conselho e autorização para a realização desta tese.

A autora está extremamente grata à sua supervisora, a Dra. Su Su Win, Professora Associada do Departamento de Engenharia de Energia Eléctrica da Universidade Tecnológica de Rangum, pela sua supervisão desta tese.

A autora deseja também expressar os seus sinceros agradecimentos à Dra. Phôo Ngone Si, Professora Associada do Departamento de Engenharia de Energia Eléctrica da Universidade Tecnológica de Rangum, pelas suas sugestões úteis e pela assistência necessária ao longo desta tese.

O autor está muito grato a Daw Yee Yee Win, professora do Departamento de Engenharia de Energia Eléctrica da Universidade Tecnológica de Rangum, por ter partilhado os seus conhecimentos na preparação desta tese.

A autora gostaria também de estender os seus agradecimentos ao examinador externo, Dr. Hla Myo Aung, Diretor Adjunto e Chefe do Departamento de Investigação em Energias Renováveis, Departamento de Investigação e Inovação, pelas suas inestimáveis sugestões e orientações.

A autora está também em dívida para com todos os seus professores que lhe transmitiram conhecimentos e para com as pessoas da empresa Schneider que lhe forneceram a assistência e os aparelhos necessários para esta tese. Finalmente, esta tese é dedicada aos seus pais e a todos aqueles que sempre a ajudaram, encorajaram e apoiaram ao longo da sua vida.

RESUMO

A eletricidade é o requisito mais essencial para o desenvolvimento do país em qualquer sociedade. Como a procura do sistema de energia aumentou em todo o mundo, é necessário controlá-lo de forma estável e fiável. Do mesmo modo, a procura de eletricidade em Myanmar também está a crescer rapidamente de ano para ano, pelo que a monitorização e o controlo do sistema de energia se tornam essenciais no complexo sistema de energia atual. Sem uma metodologia de controlo eficaz, o sistema de distribuição não será fiável, embora a produção cubra a procura máxima. Como o nosso país, Myanmar, é um país em desenvolvimento, ainda existem alguns problemas no controlo e monitorização do sistema de energia. Assim, é necessário melhorar as subestações de distribuição de energia para que possam ser controladas de forma fiável, em primeiro lugar. O SCADA (Supervisory Control and Data Acquisition - controlo de supervisão e aquisição de dados) permite a operação, o controlo e a monitorização remotos da automação industrial e é também amplamente utilizado para o funcionamento global do sistema de energia moderno. Na minha tese, o melhoramento da subestação de distribuição de 230 kV Tharkayta e da subestação de distribuição de 230 kV Hlawga é efectuado através da utilização do sistema SCADA. Este é implementado com Unity Pro XL 8.0 (software PLC), Modicon M340 (hardware PLC) e Vijeo Citect 7.3 (software SCADA), que são produtos da Schneider Electric. As sequências de funcionamento das duas subestações são programadas no Unity Pro XL 8.0 e as páginas gráficas, as páginas de alarme e as páginas de tendências são configuradas no Vijeo Citect 7.3.

LISTA DE ABREVIATURAS

CB	Circuit Breaker
CPU	Central Processing Unit
CT	Current Transformer
DCS	Distributed Control Systems
DNP3	Distributed Network Protocol
EEPROM	Electrically Erasable Programmable Read Only Memory
EMS	Energy Management System
FTP	File Transfer Protocol
FBD	Function Block Diagram
GUI	Graphical User Interface
HMI	Human Machine Interface
HTTP	Hypertext Transfer Protocol
IEC	International Electro-technical Commission
IED	Intelligent Electronic Device
IP	Internet Protocol
LAN	Local Area Network
NCC	National Control Centre
OPC	OLE for Process Control
OPF	Optimal Power Flow
OSI	Open system Interconnection
PC	Personal Computer
PLC	Programmable Logic Controller
POP3	Post Office Protocol
PT	Potential Transformer
RAM	Random Access Memory
RTDB	Real Time Database
RTU	Remote Terminal Unit
RCC	Regional Control Center

SA	Substation Automation
SAS	Substation Automation System
SCADA	Supervisory Control and Data Acquisition
SYN	Synchronize Sequence Number
TCI	Tele Control Interface
TCP	Transmission Control Protocol
TELENET	Telecommunication Network
WAN	Wide Area Network

CHAPTER 1
INTRODUÇÃO

1.1 Introdução

O sistema de energia pode ser classificado em produção, transporte e distribuição e é necessário dispor de um sistema de controlo eficiente desde a estação de produção até aos consumidores. Em Myanmar, o sistema de energia é controlado e monitorizado sob a supervisão do Centro Nacional de Controlo (NCC) em Naypyitaw e do Centro de Despacho de Cargas (LDC) em Yangon. O centro de despacho de cargas é responsável pelo despacho e controlo do sistema de produção, transmissão e distribuição, bem como pelo funcionamento dos níveis de tensão, corrente e potência. Ao ajustar as capacidades de fornecimento e as capacidades de frequência estável, a resposta é estável e não altera a capacidade de fluxo de carga de energia em toda a área de fornecimento. O centro de despacho de cargas tem de prever as alterações da procura devido às condições meteorológicas e a uma série de outros factores, preparar um calendário de funcionamento e desempenhar as suas funções diárias de controlo da oferta e da procura com base nesse calendário. Uma vez que o LDC desempenha um papel vital no controlo e na monitorização do sistema de energia, para que este seja estável e fiável, deve existir um sistema de controlo modernizado, como o sistema SCADA, tendo em conta a complexidade da rede do sistema de energia. Do mesmo modo, Rangum é o maior centro de carga de Myanmar e existem oito subestações de 230 kV, vinte subestações de 66 kV e 385 subestações de 33 kV. As oito subestações de 230 kV são Tharkayta, Ahlone, Hlawga, Bayintnaung, Myaungdaga, Hlaingtharyar, Thanlyin e East Dagon. Entre elas, a subestação de Tharkayta e a subestação de Hlawga, que são duas subestações de 230 kV, foram actualizadas para o sistema SCADA.

É necessária uma automatização completa para o controlo do sistema de energia, ou seja, quando ocorre uma avaria em qualquer parte do sistema de energia, o disjuntor associado na parte avariada abre-se e este disjuntor volta a fechar-se automaticamente quando a avaria é eliminada. Para este efeito, a melhoria da subestação de distribuição de energia é o primeiro passo para abordar o esquema de controlo modernizado de todo o sistema de energia. Nesta tese, as subestações de distribuição de 230 kV que abastecem a região de Rangum são melhoradas utilizando o Unity Pro XL (software PLC), o Modicom M340 (hardware PLC) e o Vijeo Citect 7.3 (software SCADA).

1.2 Finalidade e objectivos

O principal objetivo é atualizar o Centro de Despacho de Cargas (CDC) para um centro de controlo modernizado como Centro de Controlo Regional (CCR), melhorando a subestação de distribuição de energia de modo a ligar o centro de controlo modernizado para a estabilidade e fiabilidade do sistema de energia. Os objectivos desta tese são descritos a seguir:

(i)   Estudar os requisitos do sistema de automatização da subestação

(ii)   Estudar o Sistema de Controlo Modernizado, Sistema SCADA

(iii)   Para configurar o Centro de Controlo Regional através da atualização do LDC com o sistema SCADA

1.3 Âmbito da tese

Com a complexidade da rede do sistema de energia, a aplicação de sistemas de automação torna-se essencial para a estabilidade e fiabilidade na operação do sistema de energia. Para este efeito, é proposto nesta tese um sistema de controlo modernizado, o sistema SCADA. O sistema SCADA será aplicado para a melhoria da subestação de distribuição de 230 kV que abastece a região de Yangon.

1.4 Programa de execução

O programa de execução da subestação de distribuição de 230kV é o seguinte

(i)   Observação da estrutura, função e sequência de funcionamento da subestação,

(ii)   Estudo do conceito e arquitetura do sistema SAS e SCADA,

(iii)   Estudo do Unity Pro XL (software PLC) e do Vijeo Citect 7.3 (software SCADA),

(iv)   Etiquetas de variáveis de configuração no Unity Pro XL e referência a estas etiquetas no Vijeo Citect 7.3,

(v)   Programação do PLC em Unity Pro XL para SAS,

(vi)   Criar páginas de gráficos, páginas de alarme no Vijeo Citect 7.3, e

(vii)   Execução do projeto por meio de Unity Pro XL, Modicom M340 e Vijeo Citect 7.3 como Centro de Controlo Regional através do reforço da subestação de 230 kV

1.5 Esboço da tese

A tese é composta por seis capítulos. A introdução desta tese é descrita no Capítulo 1. O capítulo 2 trata das características do sistema elétrico moderno. A aplicação do PLC/ SCADA é descrita no Capítulo 3. O capítulo 4 descreve a configuração do centro de controlo regional. O Capítulo 5 inclui a programação, o endereçamento, a conceção e os resultados da execução do projeto. A conclusão desta tese é apresentada no Capítulo 6.

CHAPTER 2

SUBESTAÇÃO DE DISTRIBUIÇÃO DE ENERGIA ELÉCTRICA

2.1 O sistema elétrico moderno

As infra-estruturas críticas, como os sistemas de energia eléctrica, as redes de telecomunicações e as redes de distribuição de água, são sistemas que influenciam a vida da sociedade. A conceção, a monitorização e o controlo desses sistemas são cada vez mais difíceis em consequência do aumento constante da sua dimensão, complexidade, nível de incerteza, comportamento imprevisível e interacções. A eletrificação de muitos processos através de avanços tecnológicos resultou no desenvolvimento e evolução contínuos do sistema de energia eléctrica ao longo dos últimos cem anos. A figura 2.1. mostra o diagrama unifilar dos principais componentes do sistema elétrico.

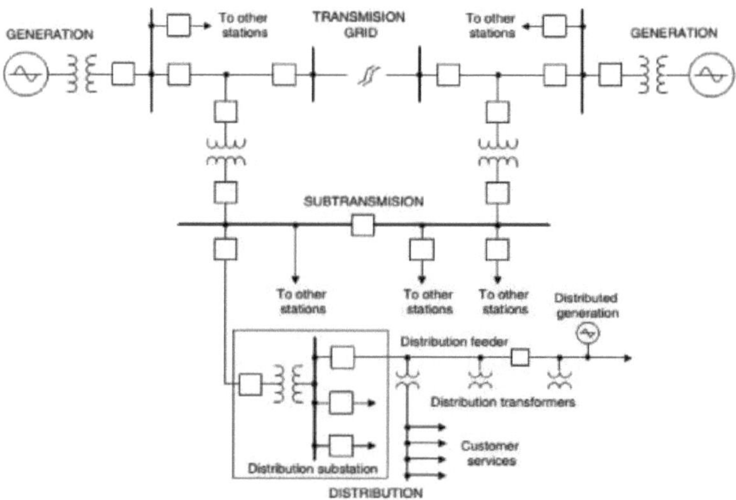

Figura 2.1. Diagrama unifilar dos principais componentes do sistema elétrico

Fonte: [1]

Com este progresso, a complexidade do sistema aumentou. Para gerir este sistema complexo, as funções de monitorização, controlo e operação são assistidas por computador.

Os sistemas de controlo informático dos sistemas de energia eléctrica evoluíram à medida que a tecnologia informática e de monitorização evoluía. Ao longo dos anos, estes sistemas têm sido designados por "Centros de Controlo", "Sistemas de Gestão de Energia (EMS)", "Operações de Sistemas Independentes", etc. Os nomes reflectem a mudança de ênfase nas funções destes centros de controlo.

2.2 Funções e tipos de subestações

As subestações são partes fundamentais dos sistemas de produção, transmissão e distribuição de eletricidade. As subestações transformam a tensão de alta para baixa ou de baixa para alta, conforme necessário. As subestações também despacham energia eléctrica das estações de produção para os centros de consumo. A energia eléctrica pode passar por várias subestações entre a central de produção e o consumidor, e a tensão pode ser alterada em várias etapas. As subestações podem ser geralmente divididas em três tipos principais:

1. Subestações de transporte (tipicamente acima de 132kV)

2. Subestações de subtransmissão (normalmente entre 34,5 kV e 138 kV)

3. Subestações de distribuição (normalmente entre 2,4 kV e 34,5 kV)

2.2.1 Principais Equipamentos Utilizados em uma Subestação de Distribuição

Uma subestação de distribuição é um conjunto de vários equipamentos eléctricos ligados para reduzir a energia eléctrica a tensões mais elevadas, ou seja, 66kV/33kV para 11kV, e para eliminar falhas no sistema. A figura 2.2. mostra a configuração da subestação de distribuição. Os vários equipamentos eléctricos utilizados na subestação de distribuição são os seguintes

1. Transformadores de potência

2. Transformadores de instrumentos, ou seja, CT, PT e CVT

3. Barras de autocarros

4. Isoladores

5. Relés

6. Disjuntores

7. Carregadores de bateria

8. Bancos de condensadores

9. Equipamentos de ligação à terra

10. Para-raios de iluminação

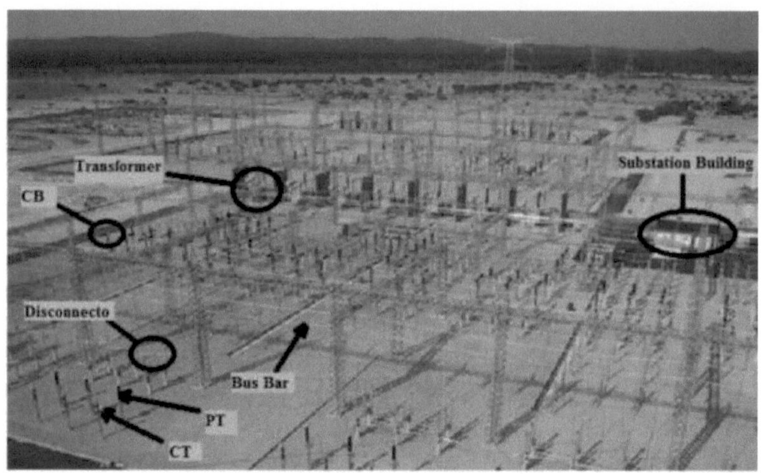

Figura 2.2. Configuração da subestação de distribuição

Fonte: [1]

2.2.1.1 Transformadores de potência

Um transformador é um dispositivo que transfere energia eléctrica de um circuito para outro através de condutores acoplados indutivamente, as bobinas do transformador. Uma corrente variável no primeiro enrolamento ou no enrolamento primário cria um fluxo magnético variável no núcleo do transformador e, por conseguinte, um campo magnético variável através do enrolamento secundário. É o equipamento mais dispendioso de uma subestação e importante do ponto de vista da disposição do posto. A figura 2.3. mostra o transformador de potência na subestação.

Figura 2.3: Transformador de potência

Um dos factores determinantes que afectam a disposição de uma subestação é o facto de o transformador ser um transformador trifásico ou um banco de 3 transformadores monofásicos. O espaço necessário para um banco de 3 transformadores monofásicos é muito maior do que o de um único transformador trifásico. No caso de três unidades monofásicas, é normal fornecer um transformador monofásico de reserva para ser utilizado ou se um dos transformadores monofásicos estiver em manutenção. Devido às suas grandes dimensões, é muito difícil acomodar dois transformadores em compartimentos adjacentes.

2.2.1.2 Transformador de instrumentos

São dispositivos utilizados para transformar a tensão e a corrente no sistema primário, utilizando valores adequados para instrumentos de medição, contadores, relés de proteção, etc. São basicamente os transformadores de corrente e os transformadores de tensão.

A. Transformadores de corrente

Pode ser do tipo casquilho ou enrolado. Os tipos de casquilho são normalmente acomodados dentro do casquilho do transformador e os tipos enrolados são montados separadamente. Quando a corrente num circuito é demasiado elevada para ser aplicada diretamente a instrumentos de medição, um transformador de corrente produz uma corrente reduzida rigorosamente proporcional à corrente no circuito, que pode ser convenientemente ligada a instrumentos de medição e registo. O TC é normalmente descrito pelo seu rácio de corrente do primário para o secundário.

B. Transformadores de tensão

Podem ser de tipo capacitivo ou eletromagnético. Os TP de tipo eletromagnético são mais caros do que os de tipo capacitivo e são utilizados quando é necessária uma maior precisão. Em segundo lugar, o tipo capacitivo é normalmente preferido a altas tensões devido ao seu menor custo, uma vez que serve de condensador de acoplamento para o equipamento de transporte da linha eléctrica. Os transformadores de tensão são normalmente ligados no lado do alimentador do disjuntor. No entanto, também são ligados no lado do barramento para sincronização. Eles reduzem os sinais de alta tensão extra e fornecem um sinal de baixa tensão, para medição ou para operar um relé de proteção.

C. Transformador de tensão capacitivo (CVT's)

Em combinação com as armadilhas de ondas são utilizadas para filtrar sinais de comunicação de alta frequência da frequência de potência. Isto forma uma rede de comunicação portadora em toda a rede de transmissão.

2.2.1.3 Barramentos de autocarros

Na distribuição de energia eléctrica, um barramento é uma tira grossa de cobre ou alumínio que conduz a eletricidade dentro de um quadro elétrico, quadro de distribuição, subestação ou outro aparelho elétrico. Os barramentos são utilizados para transportar correntes muito elevadas ou para distribuir corrente a vários dispositivos dentro de quadros ou equipamentos. Os barramentos são normalmente tiras planas ou tubos ocos, uma vez que estas formas permitem uma dissipação mais eficiente do calor devido à sua elevada relação entre a área de superfície e a área da secção transversal. O tamanho do barramento é importante para determinar a quantidade máxima de corrente que pode ser transportada com segurança. Os barramentos podem ser apoiados em isoladores, ou então o isolamento pode envolvê-los completamente. Os barramentos são protegidos contra contactos acidentais por uma caixa metálica ou por uma elevação fora do alcance normal. Os barramentos podem ser ligados entre si e a aparelhos eléctricos por meio de ligações aparafusadas ou de braçadeiras.

2.2.1.4 Isolador ou interrutor de seccionamento

Nos sistemas eléctricos, um interrutor de isolamento é utilizado para garantir que um circuito elétrico é completamente desenergizado para assistência ou manutenção. Estes interruptores são frequentemente encontrados na distribuição eléctrica e em aplicações industriais onde a máquina tem de ter a sua fonte de energia removida para ajuste ou reparação. A figura 2.4 mostra os isoladores ou interruptores de corte na subestação.

Figura 2.4: Isolador ou interrutor de corte na subestação

Os interruptores de isolamento de alta tensão são utilizados em subestações eléctricas para permitir o isolamento de aparelhos como disjuntores e transformadores, e linhas de transmissão, para manutenção. Um isolador pode abrir ou fechar o circuito quando é necessário interromper ou efetuar uma corrente insignificante ou quando não se verifica uma alteração significativa da tensão entre os terminais de cada pólo do isolador. Pode transportar corrente em condições normais e pode transportar corrente de curto-circuito durante um período de tempo especificado. Podem transferir carga de um barramento para outro e também isolar equipamentos para manutenção. Os isoladores garantem a segurança das pessoas que trabalham na rede de alta tensão, proporcionando um isolamento visível e fiável das secções de linha e dos equipamentos. São basicamente motorizados, ou seja, o motor faz o fechamento e a abertura do isolador. Os isoladores distinguem-se como isoladores "em carga" e "em carga".

2.2.1.5 Relés

Um relé é um interrutor operado eletricamente. Muitos relés utilizam um eletroíman para acionar mecanicamente um mecanismo de comutação, mas também são utilizados outros princípios de funcionamento. Os relés são utilizados quando é necessário controlar um circuito através de um sinal de baixa potência (com isolamento elétrico completo entre os circuitos de controlo e os circuitos controlados), ou quando vários circuitos devem ser controlados por um único sinal. Os relés com características de funcionamento calibradas e, por vezes, com bobinas de funcionamento múltiplas, são utilizados para proteger os circuitos eléctricos contra sobrecargas ou avarias; nos sistemas de energia eléctrica modernos, estas funções são desempenhadas por instrumentos digitais ainda designados por "relés de proteção".

2.2.1.6 Disjuntor

Um disjuntor é um interrutor elétrico de funcionamento automático concebido para proteger um circuito elétrico contra danos causados por sobrecarga ou curto-circuito. A sua função básica é detetar um estado de falha e, ao interromper a continuidade, interromper imediatamente o fluxo elétrico. Ao contrário de um fusível, que funciona uma vez e depois tem de ser substituído, um disjuntor pode ser reposto para retomar o funcionamento normal. Os disjuntores são fabricados em vários tamanhos, desde pequenos dispositivos que protegem um eletrodoméstico individual até grandes comutadores concebidos para proteger circuitos de alta tensão que alimentam uma cidade inteira.

2.2.1.7 Equipamentos de ligação à terra

A função de um sistema de ligação à terra é fornecer uma ligação ao sistema de ligação à terra à qual os neutros dos transformadores ou as impedâncias de ligação à terra podem ser ligados de modo a passar a corrente máxima de defeito. O sistema de ligação à terra também garante que não ocorram danos térmicos ou mecânicos nos equipamentos dentro da subestação, resultando assim em segurança para o pessoal de operação e manutenção. O sistema de ligação à terra também garante a ligação equipotencial, uma vez que não existem gradientes de potencial perigosos que se desenvolvam na subestação.

2.2.1.8 Bancos de condensadores

Um condensador é um componente elétrico passivo de dois terminais utilizado para armazenar energia num campo elétrico. As formas dos condensadores práticos variam muito, mas todos contêm pelo menos dois condutores eléctricos separados por um dielétrico. Por exemplo, uma construção comum consiste em folhas metálicas separadas por uma fina camada de película isolante. Os condensadores são amplamente utilizados como partes de circuitos eléctricos em muitos dispositivos eléctricos comuns. Quando existe uma diferença de potencial entre os condutores, desenvolve-se um campo elétrico estático através do dielétrico, fazendo com que a carga positiva se acumule numa placa e a carga negativa na outra placa.

A energia é armazenada no campo eletrostático. Um condensador ideal é caracterizado por um único valor constante e uma capacitância medida em farads. Esta é a razão entre a carga eléctrica em cada condutor e a diferença de potencial entre eles. Os condensadores são amplamente utilizados em circuitos electrónicos para bloquear a corrente contínua, permitindo a passagem da corrente alternada, em redes de filtros, para suavizar a saída de fontes de alimentação, nos circuitos ressonantes que sintonizam rádios em frequências específicas, em sistemas de transmissão de energia eléctrica para estabilizar a tensão e o fluxo de energia, e para muitos outros fins.

2.2.1.9 Carregador de bateria

Num sistema de proteção, é necessário que a tensão CC de controlo permaneça sempre constante durante o máximo de tempo possível, para que o sistema funcione sem interrupções. O carregador é um retificador que produz uma tensão ligeiramente superior à tensão nominal da célula de uma bateria. A fonte principal é derivada da fonte CA normalmente disponível, que é rectificada pelo carregador. A bateria é uma combinação de várias células ligadas em série para obter a tensão nominal DC de disparo/controlo necessária para o funcionamento dos relés e disjuntores e pode ser de 24V a 220 V, dependendo das cargas e dos requisitos de capacidade 2.2.1.10 Para-raios

Um para-raios é um dispositivo utilizado em sistemas de energia eléctrica e sistemas de telecomunicações para proteger o isolamento e os condutores do sistema contra os efeitos nocivos dos raios. O para-raios típico tem um terminal de alta tensão e um terminal de terra. Quando um surto de raio (ou surto de comutação, que é muito semelhante) viaja ao longo da linha de energia até o para-raios, a corrente do surto é desviada através do para-raios, na maioria dos casos para a terra. Se a proteção falhar ou estiver ausente, os raios que atingem o sistema elétrico introduzem milhares de quilovolts que podem danificar as linhas de transmissão e podem também causar danos graves aos transformadores e a outros dispositivos eléctricos ou electrónicos. Os picos de tensão extremos produzidos por um raio nas linhas de entrada de energia podem danificar os aparelhos eléctricos domésticos [2].

2.3 Sistema de automatização de subestações (SAS)

O sistema de automatização de subestações pode ser definido como um sistema de gestão, controlo e proteção de um sistema de energia. Isto é conseguido através da obtenção de informações em tempo real a partir do sistema, com poderosas aplicações de controlo local e remoto e proteção eléctrica avançada. Os principais ingredientes de um Sistema de Automatização de Subestações são a inteligência local, as comunicações de dados e o controlo e monitorização de supervisão. Os componentes de um Sistema de Automatização de Subestações visam proteger, monitorizar e controlar uma subestação eléctrica típica.

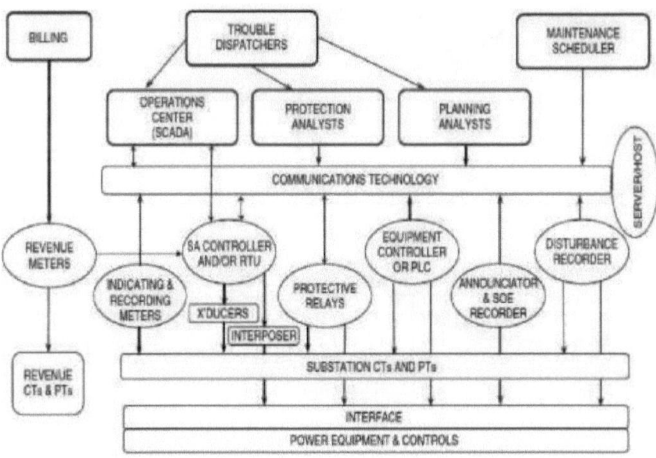

Figura 2.5. Diagrama funcional da automação da subestação

Fonte: [2]

Um sistema de automação de subestação de uma concessionária de energia elétrica depende da interface entre a subestação e seus equipamentos associados para fornecer e manter o alto nível de confiança exigido para a operação do sistema de energia. Deve também servir as necessidades de outros utilizadores corporativos a um nível que justifique a sua existência. Subestação

O sistema de automação incorpora dispositivos electrónicos inteligentes (IEDs) baseados em microprocessadores, que fornecem entradas e saídas ao sistema. Os IED comuns são relés de proteção, medidores de carga e indicadores de operador, contadores de receitas, controladores lógicos programáveis (PLC) e controladores de equipamento de potência de várias descrições. O sistema de automação da subestação interage com o equipamento da estação de controlo através de relés de interposição e com os circuitos de medição através de contadores, relés de proteção, transdutores e outros dispositivos de medição, como indicado na Figura 2.5. [1].

2.4 Estrutura do Sistema de Automação de Subestações

A estrutura típica do sistema de automação de subestações consiste em proteção eléctrica, monitorização, controlo, medição e comunicação de dados. A Figura 2.6 mostra a estrutura típica do Sistema de Automação de Subestações [2].

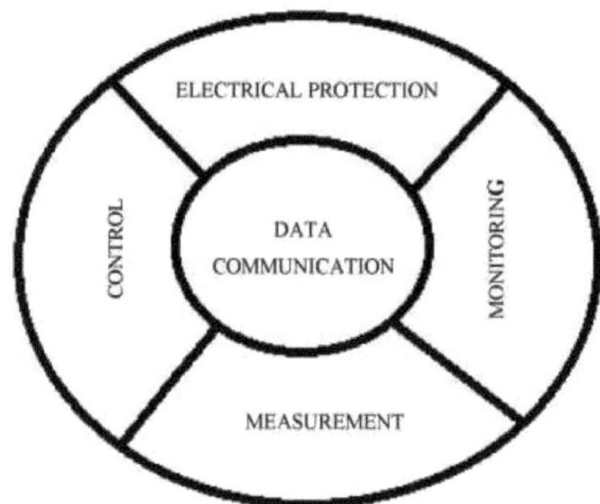

Figura 2.6 Estrutura do sistema de automação de subestações

Fonte: [2]

2.4.1 Proteção eléctrica

A proteção eléctrica continua a ser um dos componentes mais importantes de qualquer painel de distribuição eléctrica, de modo a proteger o equipamento e o pessoal e a limitar os danos em caso de falha eléctrica. A proteção eléctrica é uma função local e deve ser capaz de funcionar independentemente do sistema de automação do sistema de energia, se necessário, embora seja parte integrante da automação do sistema de energia em condições normais. As funções da proteção eléctrica nunca devem ser comprometidas ou restringidas em qualquer sistema de automação de sistemas de energia.

2.4.2 Controlo

O controlo inclui o controlo local e o controlo remoto. O controlo local consiste nas acções do dispositivo de controlo que podem ser realizadas logicamente por si só, por exemplo, encravamento de cais, sequências de comutação e verificação de sincronização. A intervenção humana é limitada e o risco de erro humano é muito reduzido. O controlo local também deve continuar a funcionar mesmo sem o apoio do resto do sistema de automação de energia. A função do controlo remoto é controlar as subestações à distância a partir do mestre SCADA. Os comandos podem ser dados diretamente aos dispositivos de controlo remoto, por exemplo, abrir ou fechar um disjuntor. As definições dos relés podem ser alteradas através do sistema, e os pedidos de determinadas informações podem ser iniciados a partir da estação SCADA. Isto elimina a necessidade de o pessoal se deslocar à subestação para realizar operações de comutação, e as acções de comutação podem ser realizadas muito mais rapidamente, o que constitui uma enorme vantagem em situações de emergência.

É criado um ambiente de trabalho mais seguro para o pessoal e podem ser evitadas grandes perdas de produção. Além disso, o operador ou engenheiro no terminal SCADA tem uma visão holística do que está a acontecer na rede de energia em toda a fábrica ou instalação, melhorando a qualidade da tomada de decisões.

2.4.3 Medição

É recolhida uma grande quantidade de informações em tempo real sobre uma subestação ou painel de comutação, que são normalmente apresentadas numa sala de controlo central de uma base de dados central. Os sistemas de automação de subestações de serviços públicos de eletricidade recolhem parâmetros de desempenho do sistema de energia, tais como volts, amperes, watts e VArs. para geradores de sistemas, linhas de transmissão, bancos de transformadores, barramentos de estações e alimentadores de distribuição. As quantidades de produção e utilização de energia, quilowatt-hora e kiloVAr-hora, são também importantes para a troca de transacções financeiras. Outras quantidades, como temperaturas de transformadores, pressões de gás isolante, níveis de tanques de combustível para geração no local ou nível de cabeça para hidrogenação, também podem ser medidas e transmitidas como valores analógicos. Frequentemente, as posições dos transformadores, dos reguladores ou outras quantidades de posições múltiplas são também transmitidas como se fossem valores analógicos. Estes valores entram no sistema SA através de IEDs, transdutores e sensores. Os transdutores e os IEDs medem quantidades eléctricas (watts, VArs, volts, amperes) com transformadores de instrumentos fornecidos no equipamento de potência, como se mostra na Figura 2.7. Convertem as saídas dos transformadores de instrumentos em valores digitais ou tensões ou correntes dc que podem ser prontamente aceites por uma UTR SCADA tradicional ou por um controlador SA. Os valores analógicos podem também ser recolhidos pelo sistema SA a partir de contadores de subestações, relés de proteção, contadores de receitas e controlos de religadores como IEDs. Funcionalmente o processo é equivalente, mas os IEDs realizam o processamento do sinal e a conversão digital diretamente como parte da sua função primária. Os IEDs usam um canal de comunicação para passar os dados para o controlador do SA em vez de sinais analógicos convencionais.

Isto torna desnecessária a deslocação do pessoal a uma subestação para recolher informações, criando novamente um ambiente de trabalho mais seguro e reduzindo a carga de trabalho do pessoal. A enorme quantidade de informação recolhida em tempo real pode ajudar imenso na realização de estudos de rede, como análises de fluxo de carga, planeamento antecipado e prevenção de grandes perturbações na rede eléctrica, causando enormes perdas de produção.

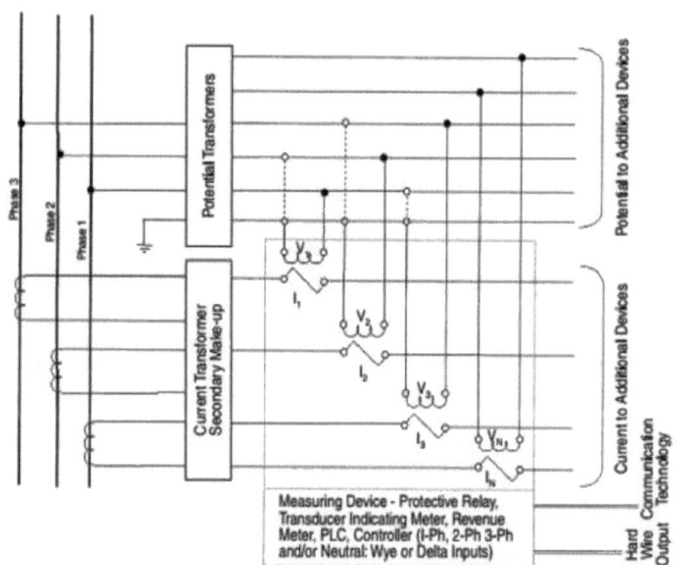

Figura 2.7. Interface de Medição do Sistema de Automação de Subestações

Fonte: [2] 2.4.4Monitorização

As indicações de estado são uma função importante dos sistemas SA para os serviços de eletricidade. A monitorização do estado é fornecida para disjuntores de potência, comutadores de circuitos, religadores, interruptores de seccionamento motorizados e uma variedade de outras funções de ligar/desligar numa subestação. Por vezes, são utilizados múltiplos estados de ativação/desativação para descrever dispositivos de passo ou sequenciais. Em alguns casos, os pontos de estado podem ser utilizados para transmitir um valor digital, como um registo, em que cada ponto corresponde a um bit do registo. Os pontos de estado podem ser fornecidos com memória de alteração de estado, de modo a que as alterações que ocorrem entre relatórios de dados possam ser monitorizadas. As alterações de estado podem também ser marcadas no tempo para fornecer uma sequência de eventos. As indicações de estado têm origem em contactos de interruptores auxiliares que são accionados mecanicamente pelo dispositivo monitorizado. Também são utilizados contactos de relé interpostos para pontos de estado, em que o interpósito é acionado a partir de interruptores auxiliares. Esta prática é comum, dependendo da concessionária e da disponibilidade de contactos de reserva. A exposição da cablagem do ponto de estado ao ambiente do pátio de manobra é frequentemente uma consideração na instalação de relés de interposição.

A informação de monitorização do estado pode ajudar na análise de falhas, determinando o que, quando e onde ocorreu, e em que sequência (o local, a hora e a sequência de uma falha). Isto pode ser utilizado eficazmente para melhorar a eficiência do sistema de energia e a proteção. Os procedimentos de manutenção preventiva podem ser utilizados com base nas informações de monitorização do estado obtidas.

2.4.5 Comunicação de dados

A comunicação de dados constitui o núcleo de qualquer sistema de automação de sistemas de energia e é praticamente a cola que mantém o sistema unido. Sem comunicação, as funções de proteção eléctrica e controlo local continuarão, e o dispositivo local pode armazenar alguns dados, mas o sistema de automação do sistema de energia não pode funcionar. A forma de comunicação dependerá da arquitetura utilizada, e a arquitetura pode depender da forma de comunicação escolhida. [3].

2.5 Proteção e automatização

O objetivo da proteção nas subestações de distribuição é isolar os elementos do sistema de energia em falha, tais como alimentadores e transformadores, das fontes de alimentação eléctrica, a fim de..:

-       Prevenir danos em equipamentos não avariados que, de outro modo, poderiam resultar de correntes e/ou tensões de nível de avaria sustentadas.

- Reduzir a probabilidade e o grau de danos ao público em geral, ao pessoal dos serviços públicos e à propriedade.

- Reduzir a quantidade de danos sofridos pelo elemento avariado, contendo assim os custos de reparação, a duração da interrupção do serviço e o impacto no ambiente.

- Eliminar as falhas transitórias e restabelecer o serviço.

Para tal, os dispositivos de proteção devem ser capazes de determinar rapidamente qual o elemento ou a secção do sistema que falhou e de abrir os disjuntores e os interruptores que desligarão o elemento em falta quando ocorrer um defeito. Para que isto seja feito de forma fiável, devem ser previstos meios para eliminar as falhas mesmo no caso de uma única falha no sistema de proteção. As instalações de automação de subestações complementam a proteção nas subestações de distribuição. No passado, a automatização das subestações de distribuição limitava-se ao controlo automático dos comutadores de derivação e à comutação automática dos condensadores para regular a tensão. As instalações de automação e comunicação nas subestações de distribuição modernas dão visibilidade ao operador do sistema sobre o estado da subestação, permitindo a rápida identificação da fonte e da causa das interrupções e outros problemas, e proporcionando a capacidade de enviar rapidamente pessoal reparado para o local correto e com o equipamento e peças sobressalentes necessários para efetuar uma reparação. Nestas subestações de distribuição modernas, as instalações de automação fornecem frequentemente aos operadores a capacidade de abrir e fechar remotamente disjuntores e interruptores, permitindo o reencaminhamento da energia para restabelecer o serviço. O princípio de funcionamento da proteção depende, em grande medida, do elemento abrangido pela proteção [3].

2.5.1 Proteção do gerador

Existem diferentes esquemas de proteção utilizados para proteger os geradores, dependendo do tipo de falha a que estão sujeitos. Uma das falhas mais comuns é a perda súbita de grandes geradores, que resulta num grande desfasamento de potência entre a carga e a produção. Este desfasamento de potência é causado pela perda de sincronismo de um determinado gerador e a unidade fica desfasada. Neste caso, um relé de desfasamento pode ser utilizado para proteger o gerador em caso de condições anormais de funcionamento, isolando a unidade do resto do sistema. Além disso, os relés baseados em microprocessadores têm um recurso embutido para medir ângulos de fase e calcular a freqüência da barra de barramento a partir do sinal de tensão medido do transformador de tensão, VT.

Assim, medições de ângulos de fase e frequência também estão disponíveis para uso no relé. A figura 2.8 mostra a conexão de relés de defasagem para proteção de geradores [4].

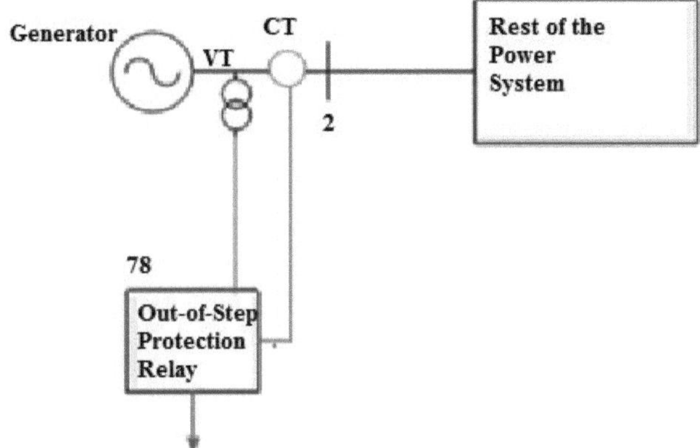

Figura 2.8 Implementação do relé de desfasamento para proteger o gerador

Fonte: [4]

2.5.2 Proteção da linha

As linhas de transmissão podem ser protegidas por vários tipos de relés, no entanto, a prática mais comum para proteger as linhas de transmissão é equipá-las com relés de distância. Os relés de distância são concebidos para responder a alterações na corrente, na tensão e no ângulo de fase entre a corrente e a tensão medidas. O princípio de funcionamento baseia-se na proporcionalidade entre a distância ao defeito e a impedância vista pelo relé. Isto é feito comparando a impedância aparente do relé com o seu valor limite pré-definido. As características dos relés de distância são comumente representadas no diagrama R-X, como mostra a Figura 2.9.a, enquanto a Figura 2.9.b representa o relé Mho, que é inerentemente direcional [4].

Como ilustração em conjunto com a figura, supondo que uma falta surgiu, a tensão no relé será menor ou a corrente será maior em comparação com os valores para a condição de carga em estado estacionário. Assim, os relés de distância são activados quando a impedância aparente do relé diminui para qualquer valor dentro do círculo paramétrico. Por esta razão, a impedância da linha após o defeito também pode ser usada para encontrar a localização do defeito. Como várias construções de engenharia, um backup é empregado para redundância.

Um mínimo de duas zonas são necessárias para a proteção primária dos relés de distância para tratar os defeitos na extremidade mais distante da secção de linha protegida, perto do barramento adjacente. Tal critério fornece um fator de segurança para garantir que qualquer operação contra faltas além do fim da linha não será acionada por erros de medição. Várias zonas de proteção podem ser construídas utilizando unidades de medição de distância separadas, o que proporciona redundância, uma vez que ambas as unidades de distância.

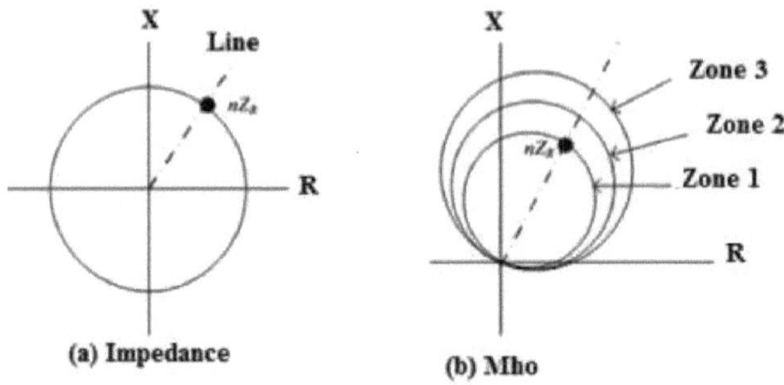

Figura 2.9 Característica do relé de distância

Fonte: [4]

A principal diferença entre as duas unidades redundantes está no tempo de atraso; a unidade que cobre a Zona 1 operaria instantaneamente, enquanto a unidade designada na Zona 2 teria um tempo adicional de atraso entre a sinalização de falha e a operação. Além disso, modificando as quantidades de restrição ou de operação, os círculos de operação do relé podem ser deslocados, como mostrado na Figura 2.10. Em algumas aplicações, uma configuração adicional (Zona 3) é incluída, que é maior do que a configuração da Zona 2. Para um defeito gerado na Zona 1, a atuação da Zona3 ocorre após um tempo de atraso superior ao associado à Zona2.

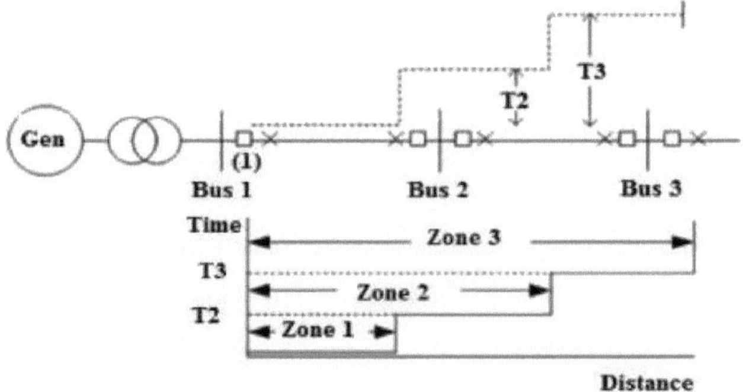

22

Figura 2.10 Zonas de proteção do relé de distância

Fonte: [4]

Portanto, o atraso actua como uma tolerância temporal para os esquemas de proteção dentro da zona de falha. A operação retardada será activada se a tolerância for excedida.

Portanto, esta configuração fornece uma forma de proteção de backup. A figura 2.10. mostra as zonas de proteção dos relés de distância. Tipicamente, a Zona1 é ajustada na faixa de 85% a 95% da impedância da linha protegida na seqüência positiva. A Zona2 é ajustada para aproximadamente 50% na linha adjacente, e 25% nas duas linhas seguintes para a Zona 3, conforme descrito em [4]. O tempo de operação para a Zona 1 é instantâneo, enquanto a Zona 2 e a Zona 3 são rotuladas como T2 e T3, respetivamente.

A maioria dos relés baseados em microprocessadores de hoje implementam características de proteção multi-funcionais. Eles são considerados como um pacote completo de proteção em uma única unidade. No caso da proteção de linha através de esquemas de proteção à distância, os relés com microprocessador também fornecem proteção contra sobrecorrente, proteção contra sobrecorrente direcional, proteção contra sub/subtensão e proteção contra falha do disjuntor [5]. A figura 2.11 mostra a ligação de um relé de distância para a proteção da linha.

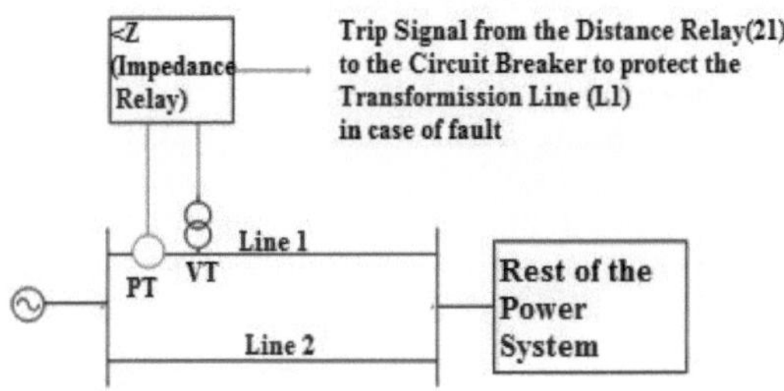

Figura 2.11. Implementação de um relé de distância para proteção da linha de transmissão L1

Fonte: [4]

2.5.3 Proteção do transformador

Cada unidade de transformador pode ser protegida por um relé diferencial. O princípio de proteção deste relé consiste em comparar as entradas de corrente em ambos os lados de alta e baixa tensão do transformador. Em condições normais ou falhas externas, a corrente que entra na unidade protegida seria aproximadamente igual à que sai dela. Por outras palavras, não há fluxo de corrente no relé em condições ideais, a menos que haja uma falha na unidade protegida. Além disso, os relés microprocessados incorporam outras funções de proteção, tais como relés de sobrecarga térmica e de sobre/subfrequência. Estes dois relés funcionam em conjunto porque as perdas de energia do transformador tendem a aumentar com o aumento da frequência, pelo que os relés de sobrecarga térmica estão também equipados para evitar danos no isolamento dos enrolamentos [5]. A figura 2.12 mostra a ligação de um relé diferencial para proteção de transformadores.

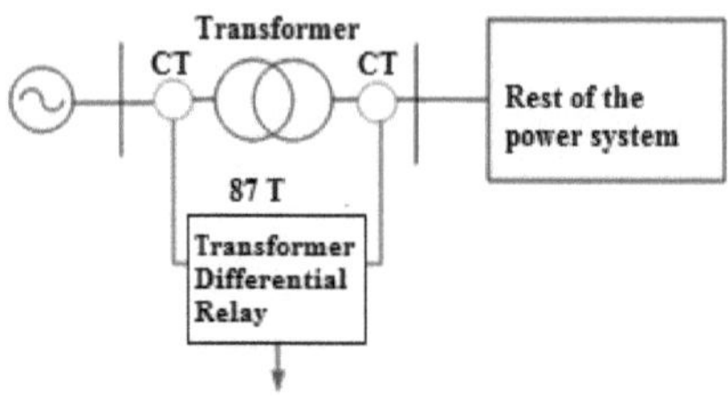

Figura 2.12. Implementação de Relé Diferencial para Proteção de Transformador Fonte: [5]

2.5.4 Proteção da carga As cargas eléctricas são normalmente sensíveis às variações de tensão que podem causar danos graves à carga quando surgem flutuações de alta tensão. Nesse caso, as cargas podem ser protegidas através da utilização de relés de sobre/subtensão. A Figura 2.13 mostra a ligação de um relé de sobre/subtensão para proteção da carga [6].

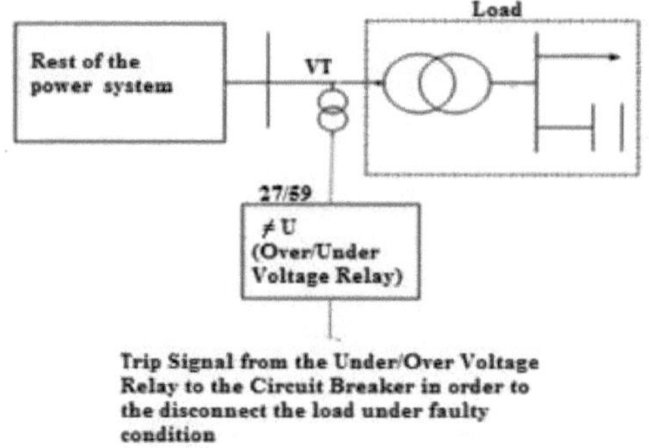

Figura 2.13. Implementação de um Relé de Sobre/Subtensão para Relé de Carga Fonte: [6]

2.6 Regime de proteção eléctrica

Com a crescente dependência do fornecimento de eletricidade, tanto nos países em desenvolvimento como nos países desenvolvidos, a necessidade de atingir um nível aceitável de fiabilidade, qualidade e segurança a um preço económico torna-se ainda mais importante para os clientes. Um outro requisito é a segurança do fornecimento de eletricidade. Uma prioridade de qualquer sistema de abastecimento é que tenha sido bem concebido e corretamente mantido, a fim de limitar o número de falhas que possam ocorrer [7].

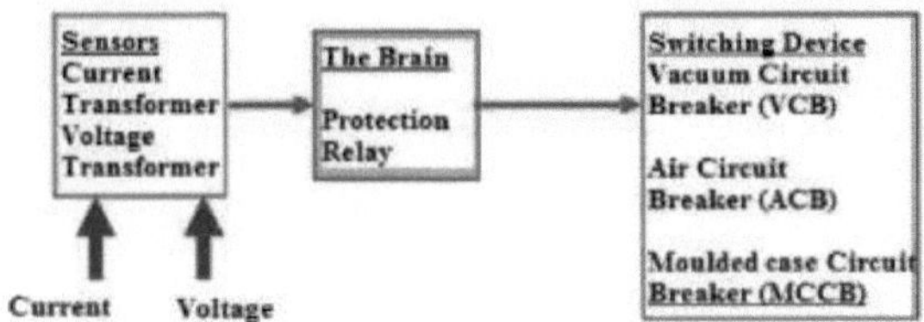

Figura 2.14. Bloco de construção do sistema de proteção

Fonte: [7]

Entre as principais causas de avarias contam-se as descargas atmosféricas, a deterioração do isolamento, o vandalismo e o contacto de ramos de árvores e animais com os circuitos eléctricos. A maioria dos defeitos é de natureza transitória e pode frequentemente ser resolvida sem perda de fornecimento ou apenas com interrupções mais curtas, enquanto os defeitos permanentes podem resultar em interrupções mais longas. Para evitar danos, deve ser instalada uma proteção adequada e fiável em todos os circuitos e equipamentos eléctricos. Os relés de proteção iniciam o isolamento das secções da rede em falha, de modo a manter o fornecimento noutras partes do sistema. Isto conduz a um serviço de eletricidade melhorado, com melhor continuidade e qualidade de fornecimento. A figura 2.14 mostra o diagrama de blocos do fluxo do sistema de proteção. O sistema de proteção é controlado principalmente pelo relé de proteção, que é o cérebro do sistema de proteção.

Os principais componentes dos sistemas de proteção são discutidos brevemente a seguir.

1.   Transformador de corrente e de tensão, também designado por transformador de instrumentos

O seu objetivo é reduzir a corrente ou a tensão de um dispositivo para valores mensuráveis, dentro da gama de medição de instrumentação 5A ou 1A no caso dos TC, e 110 V no caso dos TP/TF. Assim, as entradas dos equipamentos de proteção são normalizadas dentro das gamas acima referidas.

2.   Relé de proteção

Trata-se de dispositivos electrónicos inteligentes (IED) que recebem medidas

Os relés de proteção enviam um sinal de disparo para os disjuntores para desconectar os componentes defeituosos do sistema de energia, se necessário. Um sinal de disparo é enviado pelos relés de proteção aos disjuntores para desligar os componentes defeituosos do sistema de energia, se necessário.

3.   Disjuntores

Actuam com base em comandos de abertura enviados por relés de proteção quando são detectadas falhas e em comandos de fecho quando as falhas são eliminadas. Também podem ser abertos manualmente, por exemplo, para isolar um componente para manutenção.

4.   Canais de comunicação

São os caminhos que fornecem informações e medições de um

relé de inicialização num local para um relé de receção (ou subestação) noutro local.

2.6.1 Classificação e função dos relés

O relé de proteção é um dispositivo que detecta qualquer alteração no sinal que está a receber, normalmente de uma fonte de corrente e/ou tensão. Se a magnitude do sinal de entrada estiver fora de um valor pré-definido, o relé executará uma operação específica, geralmente para fechar ou abrir contactos eléctricos para iniciar uma outra operação, por exemplo, o disparo de um disjuntor. Os relés de proteção podem ser classificados de acordo com a sua construção e função.

Tipos de relés de proteção (por sua construção)

1.   Relé eletromecânico

2.   Relé de estado sólido

3.   Relé baseado em microprocessador

4.   Relé numérico

5.   Relé não elétrico (relé térmico, relé de pressão, etc.)

Tipos de relés de proteção (segundo as suas funções)

1.   Relé de sobrecorrente

2.   Relé direcional

3.   Revezamento de distância

4.   Relé de sobre/subtensão

5.   Relé diferencial

6.   Relé de inversão de marcha,

7.   Relé de sobre/subfrequência, etc.

2.6.2 Evolução dos relés de proteção

A evolução dos relés de proteção começou com o tipo de relé de atração referido anteriormente. No entanto, o design dos relés de proteção mudou significativamente nos últimos anos com o avanço da tecnologia de microprocessadores e processamento de sinais. Com o progresso da tecnologia eletrónica, os relés electromecânicos foram substituídos nos anos 60 por modelos electrónicos ou estáticos que utilizam transístores e outros tipos semelhantes de elementos electrónicos. O circuito integrado (CI) permitiu que as concepções estáticas fossem alargadas e melhoradas na década de 1970. Na sequência do desenvolvimento do microprocessador, começaram a surgir no início dos anos 80 relés de proteção multifunções programáveis por microprocessador ou microcontrolados. Posteriormente, nos anos 90, a tecnologia do microprocessador, juntamente com as melhorias nos algoritmos matemáticos, estimulou o desenvolvimento dos chamados relés numéricos, que são extremamente populares pelas suas capacidades multifuncionais, preços baixos e fiabilidade.

2.6.3 Relés numéricos

Os relés de proteção numéricos funcionam com base em entradas de amostragem e saídas de controlo para proteger ou controlar o sistema monitorizado. As correntes e/ou tensões do sistema, por exemplo, não são monitorizadas de forma contínua mas, como todas as outras grandezas, são amostradas uma de cada vez. Após a aquisição de amostras das formas de onda de entrada, são efectuados cálculos para converter os valores incrementais amostrados num valor final que representa a quantidade de entrada associada, com base num algoritmo definido. Uma vez que o valor final de uma quantidade de entrada pode ser estabelecido, a comparação apropriada com um ajuste, ou valor de referência, ou alguma outra ação, pode ser tomada conforme necessário pelo relé de proteção. Dependendo do algoritmo utilizado, e de outros requisitos de projeto ou proteção do sistema, o valor final pode ser calculado muitas vezes dentro de um único ciclo de amostragem, ou apenas uma vez ao longo de muitos ciclos[8].

A maioria dos relés numéricos são multifuncionais e podem ser considerados dispositivos electrónicos inteligentes (IEDs). O tratamento adequado de todas as características requer uma plataforma lógica programável flexível para que o utilizador possa aplicar as funções disponíveis com total flexibilidade e ser capaz de personalizar a proteção para satisfazer os requisitos do sistema de energia protegido. As E/S programáveis, as extensas funcionalidades de comunicação e uma interface homem-máquina (HMI) avançada, normalmente incorporada na maioria dos relés, proporcionam um acesso fácil às funcionalidades disponíveis.

2.6.4 Características dos relés numéricos

Os relés numéricos são tecnicamente superiores aos relés convencionais. As suas características gerais são:

- Fiabilidade: as operações incorrectas são menos prováveis com relés numéricos.

- Auto-diagnóstico: os relés numéricos têm a capacidade de realizar um auto-diagnóstico contínuo sob a forma de um circuito de watchdog, que inclui verificações de memória e testes do módulo de entrada analógica. Normalmente, os relés bloqueiam ou tentam uma recuperação, dependendo da perturbação detectada em caso de falha.

- Registos de eventos e de perturbações: estes relés podem produzir registos de eventos sempre que haja uma operação de uma função de proteção, a energização de uma entrada de estado, ou qualquer falha de hardware. Além disso, podem ser gerados registos de perturbações em vários canais analógicos, juntamente com toda a informação das entradas de estado e das saídas dos relés.

- Integração de sistemas digitais: a tecnologia atual inclui muitas outras tarefas numa subestação, tais como comunicações, medição e controlo. Estas funções podem ser integradas num sistema digital para que uma subestação possa ser operada de forma mais rápida e fiável. As fibras ópticas estão agora a ser utilizadas para fornecer ligações de comunicação entre vários elementos do sistema, para evitar os problemas de interferência que podem ocorrer quando se utilizam condutores metálicos.

- Proteção adaptativa: com a capacidade de programação e comunicação dos sistemas digitais, o relé numérico pode proporcionar uma proteção adaptativa. Esta caraterística permite alterar a configuração do relé em função das condições de funcionamento da rede, garantindo assim configurações adequadas do relé para a situação em tempo real, não utilizando uma configuração baseada na disposição mais crítica do sistema, que por vezes não fornece a solução mais adequada. Os algoritmos para a configuração dos relés são normalmente desenvolvidos em linguagens de baixo nível, devido à necessidade de uma resposta num curto espaço de tempo, o que não se consegue com linguagens de alto nível, como Pascal ou Fortran.

2.6.5 Arquitecturas típicas de relés numéricos

Os relés numéricos são compostos por módulos com funções bem definidas. A figura 2.15 mostra um diagrama de blocos para relés numéricos usando módulos típicos. Os principais módulos são os seguintes:

1. Microprocessador: responsável pelo processamento dos algoritmos de proteção. Inclui o módulo de memória que é constituído por dois componentes de memória _ RAM e ROM

- RAM (Random Access Memory) , que tem várias funções, incluindo a retenção dos dados de entrada que são introduzidos no processador e é necessária para armazenar informações durante a complicação do algoritmo de proteção.

- ROM (Read Only Memory) ou PROM (Programmable ROM), que são utilizadas para armazenar programas de forma permanente.

2. Módulo de entrada: os sinais analógicos da subestação são captados e enviados para o microprocessador e o módulo contém normalmente os seguintes elementos

-	Filtros analógicos, que são filtros activos de passagem de banda baixa que eliminam qualquer ruído de fundo que tenha sido incluído na linha;

-	Condicionador de sinal, que converte o sinal dos TCs num sinal DC normalizado;

-	Conversor Analógico Digital, que converte o sinal DC normalizado num número binário que é depois enviado diretamente para o microprocessador ou para um buffer de comunicação.

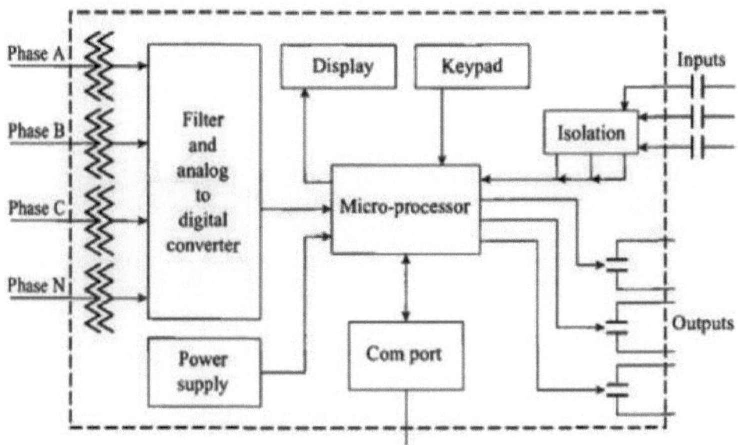

Figura 2.15.Esquema geral do relé numérico

Fonte: [8]

3. Módulo de saída: condiciona os sinais de resposta do microprocessador e envia-os para os elementos externos que controla. É constituído por uma saída digital que gera um impulso como sinal de resposta e por um condicionador de sinal que amplifica e isola o impulso.

4. Módulo de Comunicação: contém portas série e paralelas para permitir a interligação dos relés de proteção com os sistemas de controlo e comunicações da subestação.

CHAPTER 3

SISTEMA DE CONTROLO DE SUPERVISÃO E DE AQUISIÇÃO DE DADOS (SCADA)

3.1 Visão geral do SCADA

SCADA é um acrónimo de Supervisory Control and Data Acquisition (controlo de supervisão e aquisição de dados). Os sistemas SCADA são utilizados para monitorizar e controlar uma instalação ou equipamento em sectores como as telecomunicações, o controlo de água e resíduos, a energia, a refinação de petróleo e gás e os transportes. Estes sistemas englobam a transferência de dados entre um computador central anfitrião SCADA e um certo número de unidades terminais remotas (UTR) e/ou controladores lógicos programáveis (PLC), e o computador central anfitrião e os terminais dos operadores. Um sistema SCADA recolhe informações (como a localização de uma fuga numa conduta), transfere-as para um local central e, em seguida, alerta a estação de origem para a ocorrência de uma fuga, efectuando a análise e o controlo necessários, como a determinação da gravidade da fuga, e apresentando as informações de forma lógica e organizada. A figura 3.1. mostra o sistema SCADA.

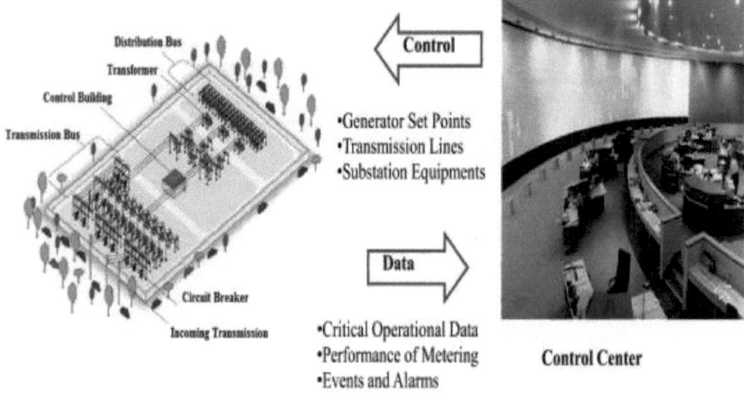

Figura 3.1. Sistema SCADA

Fonte : [9]

Estes sistemas podem ser relativamente simples, como um que monitoriza as condições ambientais de um pequeno edifício de escritórios, ou muito complexos, como um sistema que monitoriza toda a atividade de uma central nuclear ou a atividade de um sistema municipal de abastecimento de água. Tradicionalmente, os sistemas SCADA utilizavam a rede pública comutada (PSN) para fins de monitorização. Atualmente, muitos sistemas são monitorizados utilizando a infraestrutura da rede local (LAN)/rede de área alargada (WAN) da empresa. As tecnologias sem fios estão agora a ser amplamente utilizadas para fins de monitorização.

3.2 História do SCADA

O sistema SCADA existe desde que existem sistemas de controlo. Os primeiros sistemas SCADA utilizavam a aquisição de dados através de painéis de contadores, luzes e gravadores de gráficos de tiras. O controlo de supervisão era exercido pelo operador, que operava manualmente vários botões de controlo. Estes dispositivos são utilizados para efetuar o controlo de supervisão e a aquisição de dados em fábricas e instalações de produção de energia. A Figura 3.2 mostra um sistema de sensor para painel.

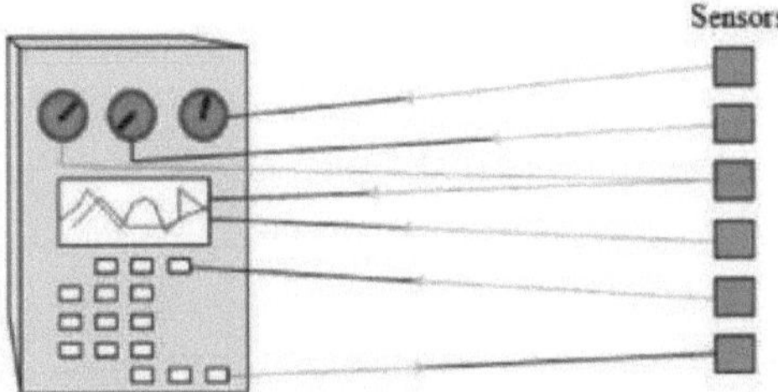

Figura 3.2. Sensores para o painel utilizando 4-20 mA ou tensão

Fonte : [9]

O sistema SCADA do tipo sensor-para-painel apresenta as seguintes vantagens

- É simples, sem necessidade de CPUs, RAM, ROM ou programação de software.

- Os sensores são ligados diretamente aos contadores, interruptores e luzes do painel.

- Pode ser fácil e barato acrescentar um dispositivo simples, como um interrutor ou um indicador.

Estas abordagens têm também várias desvantagens:

- A quantidade de fios torna-se impossível de gerir após a instalação de centenas de sensores.

- A quantidade e o tipo de dados são mínimos e rudimentares.

- A instalação de sensores adicionais torna-se progressivamente mais difícil à medida que o sistema cresce.

- A reconfiguração do sistema torna-se extremamente difícil.

- A simulação com dados reais não é possível.

- O armazenamento de dados é mínimo e difícil de gerir.

- Não há monitorização de dados ou alarmes fora do local.

- Alguém tem de vigiar os mostradores e os contadores 24 horas por dia.

1.1.1 Sistemas SCADA modernos

Nos processos industriais e de fabrico modernos, nas indústrias mineiras, nos serviços públicos e privados, nas indústrias de segurança, a telemetria é frequentemente necessária para ligar equipamentos e sistemas separados por grandes distâncias. Estas podem ir de alguns metros a milhares de quilómetros. A telemetria é utilizada para enviar comandos, programas e receber informações de monitorização a partir destas localizações remotas. SCADA refere-se à combinação de telemetria e aquisição de dados. O SCADA engloba a recolha da informação, a sua transferência para o local central, a realização de qualquer análise e controlo necessários e a apresentação dessa informação em vários ecrãs ou ecrãs de operador. As acções de controlo necessárias são então transmitidas de volta ao processo. Nos primórdios da aquisição de dados, a lógica de relés era utilizada para controlar a produção e os sistemas das instalações. Com o advento da CPU e de outros dispositivos electrónicos, os fabricantes incorporaram a eletrónica digital no equipamento de lógica de relés.

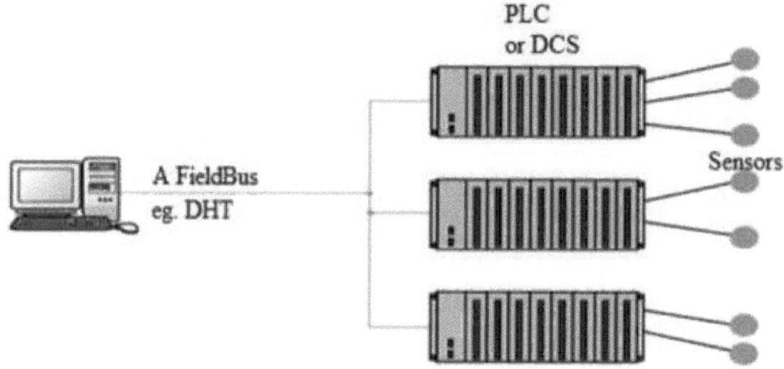

Figura 3.3. PC para PLC ou DCS com um bus de fábrica e sensores

Fonte : [9]

O PLC ou controlador lógico programável continua a ser um dos sistemas de controlo mais utilizados na indústria. Com o aumento da necessidade de monitorizar e controlar mais dispositivos na fábrica, os PLC foram distribuídos e os sistemas tornaram-se mais inteligentes e mais pequenos. Os PLC e os DCS são utilizados como mostra a Figura 3.3.

As vantagens do sistema PLC/DCS SCADA são

- O computador pode registar e armazenar uma quantidade muito grande de dados.

- Os dados podem ser apresentados da forma que o utilizador desejar.

- Milhares de sensores numa vasta área podem ser ligados ao sistema.

- O operador pode incorporar simulações de dados reais no sistema.

- Podem ser recolhidos muitos tipos de dados das UTRs.

- Os dados podem ser visualizados a partir de qualquer lugar, não apenas no local.

As desvantagens são:

- O sistema é mais complicado do que o tipo de sensor para painel.

- São necessárias diferentes competências operacionais, como analistas de sistemas e programadores.

- Com milhares de sensores, ainda há muito fio para lidar

- O operador só pode ver até ao PLC.

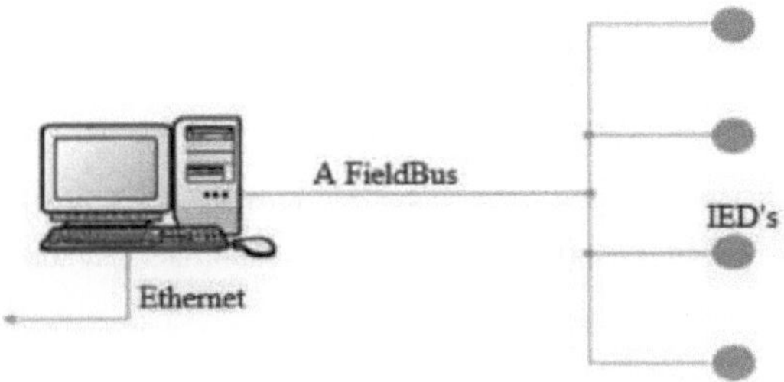

Figura 3.4: Ligação do PC ao IED através de um bus de campo

Fonte : [9]

Com o aumento da necessidade de sistemas mais pequenos e inteligentes, os sensores foram concebidos com a inteligência dos PLCs e DCSs. Estes dispositivos são conhecidos como IEDs (dispositivos electrónicos inteligentes). Os IEDs estão ligados ao PC através de um bus de campo, como o Profibus, Device Net ou Foundation Field bus. Incluem inteligência suficiente para adquirir dados, comunicar com outros dispositivos e manter a sua parte do programa global. Cada um destes sensores super inteligentes pode ter mais do que um sensor a bordo. A Figura 3.4. mostra a ligação do PC ao IED utilizando o bus de campo. Normalmente, um IED pode combinar um sensor de entrada analógica, uma saída analógica, um controlo PID, um sistema de comunicação e uma memória de programa num único dispositivo.

As vantagens do sistema de bus de campo PC para IED são

- É necessária uma cablagem mínima.

- O operador pode ver até ao nível do sensor.

-       Os dados recebidos do dispositivo podem incluir informações como números de série, números de modelo, quando foi instalado e por quem.

-       Todos os dispositivos são do tipo "plug and play", pelo que a instalação e a substituição são fáceis.

-       Dispositivos mais pequenos significam menos espaço físico para o sistema de aquisição de dados.

As desvantagens de um sistema PC para IED são

-       O sistema mais sofisticado exige funcionários mais bem treinados.

-       Os preços dos sensores são mais elevados (mas este facto é um pouco compensado pela falta de PLCs).

-       Os IEDs dependem mais do sistema de comunicação.

3.3 Elementos de um sistema SCADA

Os elementos de um sistema SCADA típico são sensores e actuadores, unidades terminais remotas (RTU), controlador lógico programável (PLC), ligação de comunicação, unidade terminal principal (MTU) e interfaces homem-máquina (HMI). A figura 3.5 mostra a estrutura típica do SCADA.

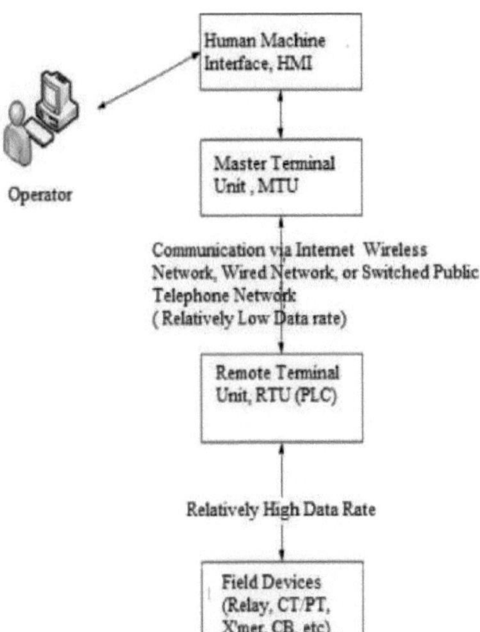

Figura 3.5.Estrutura típica do SCADA ,

Fonte : [10]

A.   Tipos de sensores

Os diferentes tipos de sensores são: sensores de pressão, sensores de temperatura, sensores de luz, sensores de humidade, sensores de velocidade do vento, sensores de nível de água e sensores de distância.

B.   Tipos de Actuadores

Os tipos de actuadores são válvulas, bombas e motores.

C.   Unidade terminal remota, RTU

É inteligente para controlar um processo e vários processos. Pode ser utilizado para registo de dados e tratamento de alarmes. Também pode controlar IEDs, Dispositivos Electrónicos Inteligentes.

D.   Controlador Lógico Programável, PLC

É um computador industrial que substituiu os relés e não um conversor de protocolos. Os PLCs não podem controlar IEDs, ter compatibilidades de comunicação e tomar acções com base nas suas entradas.

E.   Sistemas de comunicação

Os sistemas de comunicação são a rede telefónica comutada, as linhas alugadas, a rede privada (LAN/RS-485), a Internet e os sistemas de comunicação sem fios, tais como a LAN sem fios, a rede do sistema global de comunicações móveis (GSM) e os sistemas modernos de rádio.

F.   Protocolos

Os protocolos SCADA são ModBus, DNP3.0, FieldBus, Controller Area Network (CAN), ProfiBus, DirectNet, TCP/IP e Ethernet.

3.4 Arquitecturas SCADA

Os sistemas SCADA evoluíram em paralelo com o crescimento e a sofisticação da tecnologia informática moderna. As secções seguintes descrevem as três gerações seguintes de sistemas SCADA:

1.   Primeira geração - Monolítico

2.   Segunda geração - Distribuída

3.   Terceira geração - em rede

3.4.1 Sistemas SCADA monolíticos

Quando os sistemas SCADA foram desenvolvidos pela primeira vez, o conceito de computação em geral centrava-se nos sistemas "mainframe". As redes eram geralmente inexistentes e cada sistema centralizado era autónomo. Como resultado, os sistemas SCADA eram sistemas autónomos, praticamente sem conetividade com outros sistemas. As Redes de Área Ampla

(WANs) foram implementadas para comunicar com unidades terminais remotas (UTRs) foram concebidas com um único objetivo em mente - o de comunicar com UTRs no terreno. Além disso, os protocolos WAN atualmente utilizados eram, em grande parte, desconhecidos na altura. Os protocolos de comunicação utilizados nas redes SCADA foram desenvolvidos por fornecedores de equipamento RTU e eram frequentemente proprietários. Além disso, estes protocolos eram geralmente muito "magros", não suportando virtualmente qualquer funcionalidade para além da necessária para digitalizar e controlar pontos dentro do dispositivo remoto. A conetividade com a estação principal SCADA era muito limitada pelo fornecedor do sistema. As ligações ao mestre eram normalmente efectuadas ao nível do barramento através de um adaptador ou controlador proprietário ligado ao backplane da Unidade Central de Processamento (CPU). A redundância nestes sistemas de primeira geração era conseguida através da utilização de dois sistemas de mainframe equipados de forma idêntica, um principal e um de reserva, ligados ao nível do bus. A principal função do sistema de reserva era monitorizar o principal e assumir o controlo em caso de falha detectada. Este tipo de operação em standby significava que pouco ou nenhum processamento era efectuado no sistema em standby. A figura 3.6. mostra a arquitetura típica da primeira geração SCADA [11].

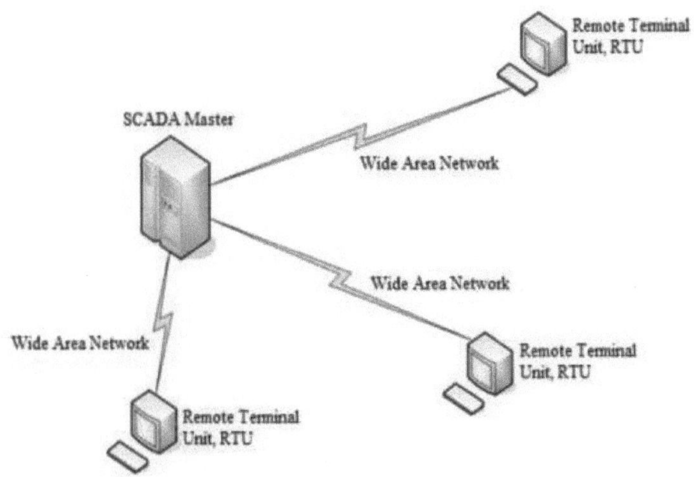

Figura 3.6. Arquitetura SCADA de primeira geração;

Fonte: [11]

3.4.2 Sistemas SCADA distribuídos

A geração seguinte de sistemas SCADA tirou partido dos desenvolvimentos e melhorias na miniaturização dos sistemas e na tecnologia de redes locais (LAN) para distribuir o processamento por vários sistemas. Várias estações, cada uma com uma função específica, foram ligadas a uma LAN e partilharam informações entre si em tempo real. Estas estações eram normalmente da classe dos mini-computadores, mais pequenos e menos dispendiosos do que os seus processadores de primeira geração. Algumas destas estações distribuídas serviam como processadores de comunicações, comunicando principalmente com dispositivos no terreno, como as UTRs. Algumas serviam como interfaces de operador, fornecendo a interface homem-máquina (HMI) para os operadores do sistema. Outros operadores ainda serviam como processadores de cálculo ou servidores de bases de dados. A distribuição das funções individuais do sistema SCADA por vários sistemas proporcionava uma maior capacidade de processamento do que a disponível num único processador para o sistema. As redes que ligavam estes sistemas individuais baseavam-se geralmente em protocolos LAN e não eram capazes de ultrapassar os limites do ambiente local. Alguns dos protocolos LAN utilizados eram de natureza proprietária, em que o fornecedor criava o seu próprio protocolo de rede ou uma versão do mesmo, em vez de utilizar um já existente. Isto permitiu que um fornecedor optimizasse o seu protocolo LAN para o tráfego em tempo real, mas limitou (ou eliminou efetivamente) a ligação da rede de outros fornecedores à LAN SCADA. A figura 3.7 mostra uma arquitetura típica de SCADA de segunda geração.

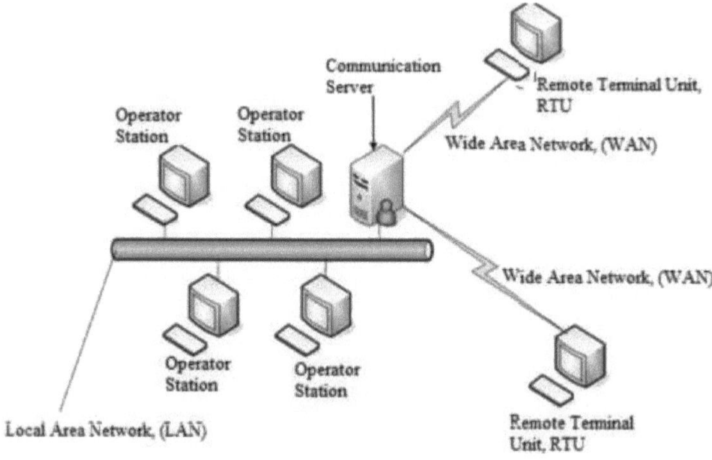

Figura 3.7. Arquitetura SCADA de segunda geração; Fonte: [11]

A distribuição da funcionalidade do sistema por sistemas ligados em rede serviu não só para aumentar a capacidade de processamento, mas também para melhorar a redundância e a fiabilidade do sistema como um todo. Em vez do simples esquema de failover primário/em espera que era utilizado em muitos sistemas de primeira geração, a arquitetura distribuída mantinha frequentemente todas as estações na LAN num estado online durante todo o tempo. Por exemplo, se uma estação HMI falhasse, outra estação HMI poderia ser usada para operar o sistema, sem esperar pelo failover do sistema primário para o secundário. A WAN utilizada para comunicar com os dispositivos no terreno não sofreu grandes alterações com o desenvolvimento da conetividade LAN entre as estações locais no mestre SCADA. Estas redes de comunicações externas estavam ainda limitadas aos protocolos RTU e não estavam disponíveis para outros tipos de tráfego de rede. Tal como a primeira geração, a segunda geração de sistemas SCADA estava também limitada ao hardware, software e dispositivos periféricos fornecidos ou, pelo menos, seleccionados pelo fornecedor.

3.4.3 Sistemas SCADA em rede

A atual geração de arquitetura da estação-mestra SCADA está intimamente relacionada com a da segunda geração, sendo a principal diferença a arquitetura de um sistema aberto, em vez de um ambiente controlado pelo fornecedor e proprietário. Continuam a existir múltiplos sistemas em rede, partilhando as funções da estação-mestra. Ainda existem UTRs que utilizam protocolos que são proprietários do fornecedor.

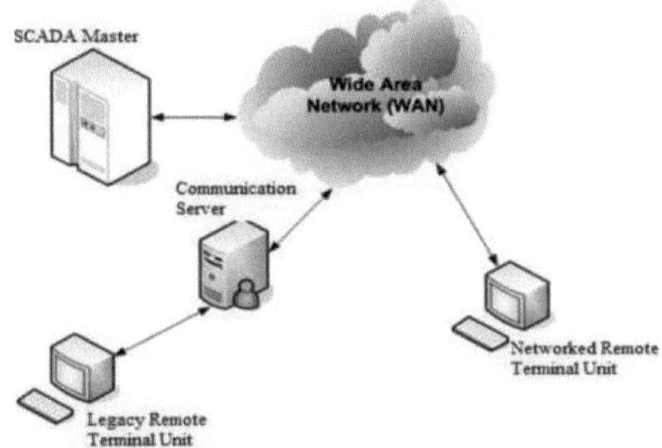

Figura 3.8. Arquitetura SCADA de terceira geração; Fonte: [11]

A principal melhoria na terceira geração é a abertura da arquitetura do sistema, utilizando normas e protocolos abertos e tornando possível a distribuição da funcionalidade SCADA através de uma WAN e não apenas de uma LAN. As normas abertas eliminam uma série de limitações das gerações anteriores de sistemas SCADA. A utilização de sistemas prontos a utilizar facilita ao utilizador a ligação de dispositivos periféricos de terceiros (como monitores, impressoras, unidades de disco, unidades de fita, etc.) ao sistema e/ou à rede. À medida que foram adoptando sistemas "abertos" ou "prontos a utilizar", os fornecedores de sistemas SCADA foram gradualmente abandonando a atividade de desenvolvimento de hardware. Estes fornecedores recorreram a fornecedores de sistemas como a Compaq, a Hewlett-Packard e a Sun Microsystems para obterem a sua experiência no desenvolvimento das plataformas informáticas de base e do software do sistema operativo. Isto permite que os fornecedores de SCADA concentrem o seu desenvolvimento numa área em que podem acrescentar valor específico ao sistema - o software da estação principal SCADA. A principal melhoria nos sistemas SCADA de terceira geração resulta da utilização de protocolos WAN, como o Protocolo Internet (IP), para a comunicação entre a estação mestra e o equipamento de comunicações. Isto permite que a parte da estação mestra que é responsável pelas comunicações com os dispositivos de campo seja separada da estação mestra "propriamente dita" através de uma WAN. Os fornecedores estão agora a produzir UTRs que podem comunicar com a estação principal utilizando uma ligação Ethernet. A Figura 3.8. representa um sistema SCADA em rede.

3.5 Protocolos SCADA

Num sistema SCADA, a UTR aceita comandos para operar pontos de controlo, define níveis de saída analógicos e responde a pedidos. Fornece dados de estado, analógicos e acumulados à estação principal SCADA. As representações de dados enviadas não são identificadas de forma alguma, exceto por um endereçamento único. O endereçamento é concebido para se correlacionar com a base de dados da estação principal SCADA. A UTR não sabe qual o parâmetro único que está a monitorizar no mundo real. Simplesmente monitoriza determinados pontos e armazena a informação num esquema de endereçamento local. Cada protocolo é composto por dois pares de mensagens. Um conjunto forma o protocolo principal, contendo as instruções válidas para iniciação ou resposta da estação principal, e o outro conjunto é o protocolo da UTR, contendo as instruções válidas que a UTR pode iniciar e responder. Na maioria dos casos, mas não em todos, estes pares podem ser considerados uma sondagem ou pedido de informação ou ação e uma resposta de confirmação. O protocolo SCADA entre o mestre e a UTR constitui um modelo viável para as comunicações UTR-Dispositivo Eletrónico Inteligente (IED).

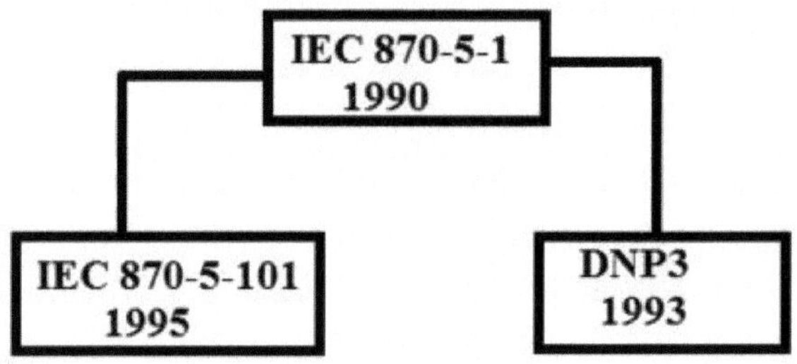

Figura 3.9 Desenvolvimento da norma de protocolo SCADA; Fonte: [9]

Atualmente, na indústria, são utilizados vários protocolos diferentes. Os mais populares são os da série 60870-5 da Comissão Eletrotécnica Internacional (IEC), especificamente o IEC 60870-5-101 (normalmente referido como 101) e o Protocolo de Rede Distribuída versão 3 (DNP3). O DNP 3.0 tem um forte apoio na América do Norte, América do Sul, África do Sul, Ásia e Austrália, enquanto a IEC 60870-5-101 tem um forte apoio na região europeia [9]. A Figura 3.9 mostra o desenvolvimento da norma do protocolo SCADA.

3.6 Conceito hierárquico do sistema SCADA

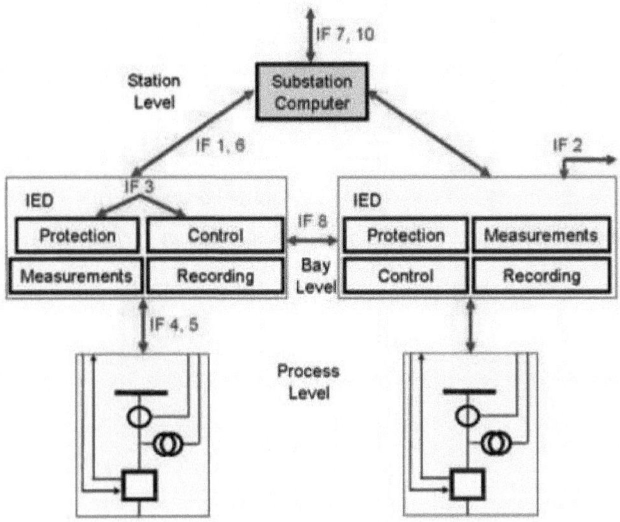

Figura 3.10. Conceito hierárquico do sistema SCADA; Fonte: [12]

Existem quatro níveis no conceito hierárquico do sistema SCADA e a Figura 3.10 mostra o conceito hierárquico do sistema SCADA. São eles

1. Nível do processo

2. Nível da baía

3.   Nível da estação

4.   Nível do Centro de Controlo

3.6.1 Nível do processo

Extrai as informações dos sensores/transdutores da subestação e envia-as para o dispositivo de nível superior, denominado dispositivo de nível de cais. A outra tarefa importante do nível de processo é receber o comando de controlo do dispositivo de nível de cais e executá-lo no nível de comutação adequado. A figura 3.11 mostra o nível de processo.

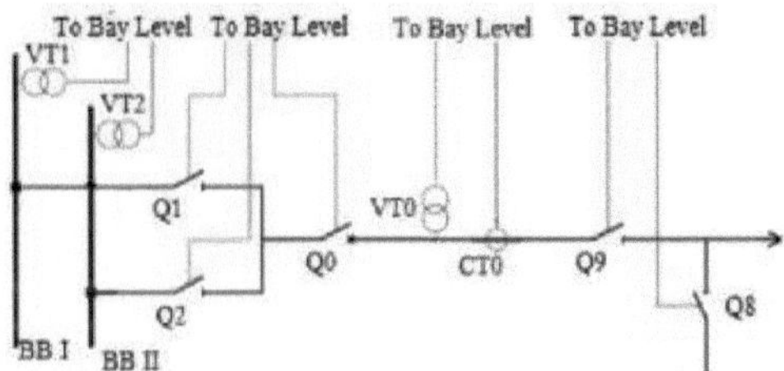

Figura 3.11. Conceito Hierárquico do Sistema SCADA; Nível de Processo;

Fonte: [12]

3.6.2 Nível da baía

A unidade de proteção e a unidade de controlo são dispositivos ao nível do segmento. Estes dispositivos recolhem dados do mesmo compartimento e/ou de compartimentos diferentes e executam acções no equipamento primário do seu próprio compartimento.

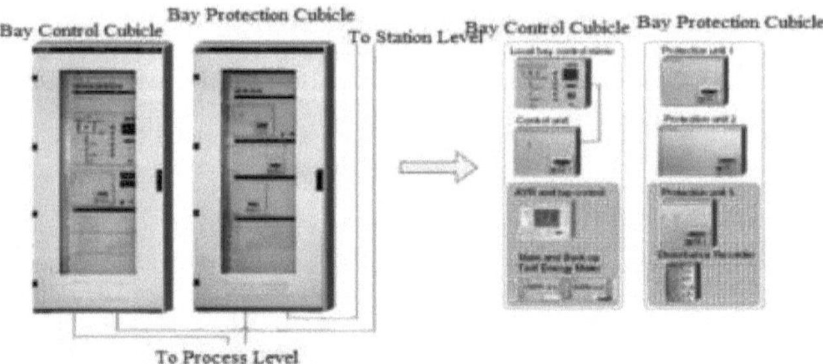

Figura 3.12. Conceito Hierárquico do Sistema SCADA; Nível de Baía;

Fonte: [12]

As funções como as protecções (por exemplo, Localização de Falhas, Religador Automático e Verificação de Sincronização), Aquisição de Dados (por exemplo, Retificação, Conversão Analógico-Digital), Registo de Perturbações e Comutação e Encravamento são realizadas neste nível. A figura 3.12. mostra o nível do compartimento.

3.6.3 Nível da estação

As funções relacionadas com o processo actuam sobre os dados de vários compartimentos ou da base de dados ao nível da subestação. As funções relacionadas com a interface permitem a interface interactiva do SAS com o operador local da estação (HMI), com o centro de controlo remoto ou com o centro de monitorização remota para monitorização e manutenção. Neste nível, são realizadas as funções de proteção da estação (proteção de barramento), gateway para comunicação remota, sincronização de tempo, operações de comutação (Sequenciador e Interbloqueio), monitorização do estado dos componentes e monitorização da estação (visualização de medições, alarme, etc.). A Figura 3.13. mostra o nível de estação.

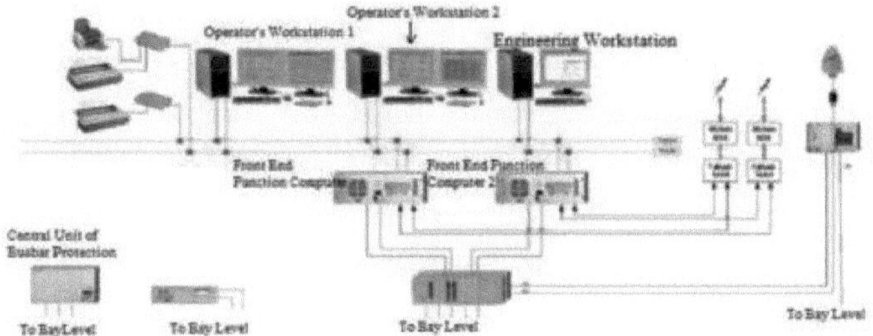

Figura 3.13. Conceito Hierárquico do Sistema SCADA; Nível da Estação;

Fonte: [12

3.6.4 Nível do Centro de Controlo

A figura 3.14. mostra o nível do centro de controlo.

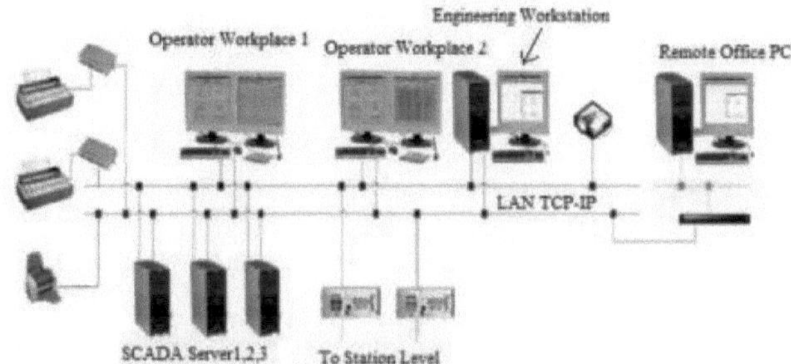

Figura 3.14. Conceito Hierárquico do Sistema SCADA; Nível do Centro de Controlo;

Fonte: [12

3.7 Controlador lógico programável (PLC)

Nos últimos anos, tem sido dada muita atenção à utilização de PLCs (Programmable Logic Controllers) em aplicações de automação de subestações e distribuição.

Engenheiros e técnicos inovadores têm procurado ativamente novas aplicações para os PLCs em subestações e sistemas SCADA (Supervisory Control And Data Acquisition). Os fabricantes de autómatos responderam com o desenvolvimento de novos produtos que satisfazem os requisitos únicos das aplicações de automação de subestações e SCADA. Os autómatos são muito caros e competitivos em relação às UTRs tradicionais e têm muitas vantagens nas aplicações em subestações. Os autómatos ocupam um lugar importante na automação de subestações e a sua utilização em aplicações de subestações irá aumentar [13].

À medida que a utilização de PLCs em aplicações de automação de subestações e a procura de automação de subestações e distribuição aumentam, os engenheiros de serviços públicos procuram formas de implementar aplicações. Com a desregulamentação, os serviços públicos estão a diminuir os níveis de pessoal de engenharia. Os engenheiros das empresas de serviços públicos têm de realizar mais projectos no domínio do SCADA com menos recursos disponíveis. Os serviços de integradores de sistemas de controlo externos, empresas de engenharia ou consultores são frequentemente solicitados para satisfazer as necessidades das empresas de serviços públicos. A seleção de uma empresa externa é uma tarefa importante para o engenheiro de serviços públicos e a seleção de uma empresa externa específica pode determinar o êxito ou o fracasso de um projeto.

3.7.1 Aplicação de PLCs na automação de subestações e SCADA

Existem muitas aplicações para os PLCs na automação de subestações, automação da distribuição e sistemas SCADA. À medida que os engenheiros dos serviços públicos se familiarizam com a capacidade dos PLC e os fabricantes de PLC desenvolvem novos produtos específicos para subestações, o número e o tipo de aplicações potenciais continuam a aumentar. As aplicações dos PLC na automação de subestações e no SCADA são: unidade terminal remota (RTU), proteção e controlo para bloqueio de disjuntores, interface de relés de proteção e configuração dinâmica de relés de proteção para topologia dinâmica de estações, comutação automática para corte de carga de emergência, esquemas de transferência automática, esquemas de religação automática e automação de alimentadores e recuperação de falhas, gestão de regulação de tensão para controlo de comutadores de derivação em carga, controlo regular de tensão e controlo de condensadores, gestão de transformadores, diagnóstico de sistemas de automação, HMIs de estações - interface gráfica do utilizador, controlo remoto, controlo de procura e verificação de sincronização e sincronização de geradores.

3.7.2 Vantagens da utilização de PLCs na automação de subestações

Fiabilidade, uma grande base instalada, amplos recursos de apoio e baixos custos são alguns dos benefícios da utilização de PLCs como base para a automação de subestações e sistemas SCADA. Os PLCs são extremamente fiáveis. Foram desenvolvidos para aplicação em ambientes industriais adversos. Foram concebidos para funcionar corretamente em amplas gamas de temperatura e em ambientes de ruído eletromagnético muito elevado e de elevada vibração. Podem também funcionar em ambientes poeirentos ou húmidos. O número de autómatos (na ordem dos milhões) que foram aplicados em vários ambientes permitiu aos projectistas de autómatos aperfeiçoar a resistência aos efeitos negativos dos ambientes difíceis [14].

A maior base instalada de PLCs oferece as vantagens de custos reduzidos, peças prontamente disponíveis e de baixo custo e pessoal treinado para trabalhar com PLCs. Na maior parte das aplicações, os autómatos oferecem soluções de menor custo do que as tradicionais UTRs para sistemas SCADA. Oferecem soluções de menor custo do que os sistemas tradicionais de relés de controlo electromecânicos para aplicações em subestações automatizadas. Com as soluções de baixo custo que os sistemas baseados em PLC oferecem em aplicações de automação de subestações e distribuição, juntamente com outros benefícios. Há um grande interesse na aplicação de PLCs em subestações.

3.8 Comunicações na subestação de distribuição de energia

Um sistema de comunicação é composto por um transmissor, um recetor e canais de comunicação. Os tipos de meios e as topologias de rede nas comunicações oferecem diferentes oportunidades para aumentar a velocidade, a segurança, a fiabilidade e a sensibilidade dos relés de proteção. Existem alguns tipos de meios de comunicação, como micro ondas, sistema de rádio e fibra ótica. As vantagens e desvantagens dos meios de comunicação atualmente em funcionamento, tanto analógicos como digitais, e as diferentes topologias de rede estão resumidas na Tabela 3.1.

Quadro 3.1 Comparação dos meios de comunicação

Não.	Media	Vantagens	Desvantagens
1.	Transmissão Linha eléctrica Transportadora	Económica, adequada para a comunicação entre estações. Equipamento instalado numa área pertencente a um concessionário.	Distância limitada de cobertura, baixa largura de banda, inerentemente poucos canais disponíveis, expostos ao acesso público.
2.	Micro-ondas	Económica, fiável, adequada para a criação de infra-estruturas de comunicação de apoio, elevada capacidade de canal e elevados débitos de dados.	Necessidade de uma linha de visão livre, custo de manutenção elevado, equipamento de ensaio especializado e necessidade de técnicos qualificados, desvanecimento do sinal e propagação multipercurso.
Não.	Media	Vantagens	Desvantagens
3.	Sistema de rádio	Aplicações móveis, adequadas à	Ruído, interferência de

		comunicação com zonas de outro modo inacessíveis.	canal adjacente, alterações na velocidade do canal, velocidade global, mudança de canal durante a transferência de dados, limitações de energia e falta de segurança
4.	Sistema de satélite	Ampla cobertura de área, adequada para comunicar com áreas inacessíveis, custo independente da distância, baixas taxas de erro.	Dependência total da localização remota, menos controlo sobre a transmissão, custo de aluguer contínuo, sujeito a escutas. Atrasos de ponta a ponta na ordem dos 250ms excluem a maioria das aplicações de relés de proteção.
5.	Espalhar Rádio Spectrum	Solução económica utilizando serviços não licenciados	Ainda não foi examinada para satisfazer o requisito de retransmissão.
6.	Telefone alugado	Eficaz se for necessária uma ligação sólida ao local servido por um serviço telefónico.	Caro a longo prazo, não é uma boa solução para aplicações multi-canal.
7.	Fibra ótica	Económicos, com elevada largura de banda, elevados débitos de dados e imunes a interferências electromagnéticas. Já implementado em telecomunicações, SCADA, vídeo, transferência de dados e voz.	Equipamentos de teste dispendiosos, cujas falhas podem ser difíceis de identificar, podem estar sujeitos a avarias.

3.8.1 Diferentes topologias de redes de comunicação

Existem três tipos de topologias de redes de comunicação. São elas a rede ponto-a-ponto, a rede em estrela e a rede em barramento.

(1) . Rede ponto a ponto

É a configuração mais simples, com um canal disponível apenas entre dois nós. As vantagens desta topologia são o facto de ser adequada para sistemas que requerem uma elevada taxa de troca de comunicações entre dois nós e a desvantagem é que a comunicação só pode ser transferida entre dois nós, pelo que a desconexão do canal de comunicação conduzirá a uma perda total da troca de informações.

(2) . Rede Star

Consiste em múltiplos sistemas ponto-a-ponto com um coletor de dados comum. A vantagem é a facilidade de adicionar e remover nós. A desvantagem é que a fiabilidade de toda a rede depende apenas da falha de um único hub.

(3) . Rede de autocarros

Tem uma única via de comunicação que percorre todo o sistema para ligar os nós. A vantagem desta rede é o facto de não depender de uma única máquina. Proporciona uma grande flexibilidade de configuração, sendo fácil remover ou acrescentar nós e a ligação entre nós pode ser feita diretamente. A desvantagem é que uma carga de informação elevada pode atrasar a velocidade do tráfego de comunicação.

3.8.2 Descrição dos diferentes protocolos de comunicação

Os protocolos de comunicação são conjuntos de regras que permitem a comunicação através de uma rede. São responsáveis por permitir e controlar a comunicação em rede. Os protocolos definem as regras para a representação dos dados, os sinais utilizados nas comunicações, a deteção de erros e a autenticação dos dispositivos informáticos na rede. Não é obrigatório que os fabricantes de retransmissores sigam os mesmos protocolos. Os protocolos de comunicação podem ser classificados em dois grupos: (i) protocolos de base física e (ii) protocolos de base estratificada.

3.8.2.1 Protocolo de base física

Os protocolos de base física foram desenvolvidos para assegurar a compatibilidade entre unidades fornecidas por diferentes fabricantes e para permitir um sucesso razoável na transferência de dados em distâncias e/ou débitos de dados especificados. A Associação da Indústria Eletrónica (EIA) produziu protocolos como o RS232, o RS422, o RS423 e o RS485 que tratam das comunicações de dados. Além disso, estes protocolos de base física estão também incluídos na "camada física" do modelo Open Systems Interconnection (OSI).

A.   Protocolo RS 232

O protocolo RS232 é o protocolo de comunicação mais básico que especifica os critérios de comunicação entre dois dispositivos. Este tipo de comunicação pode ser simplex, ou seja, um dispositivo actua como transmissor e outro como recetor e só há tráfego num sentido, half duplex, ou seja, qualquer um dos dispositivos pode atuar como transmissor ou recetor, mas não ao mesmo tempo, ou full duplex, ou seja, qualquer um dos dispositivos pode transmitir ou receber dados ao mesmo tempo. É necessária uma única ligação de par entrançado entre os dois dispositivos. A figura 3.15 mostra a configuração do protocolo RS232.

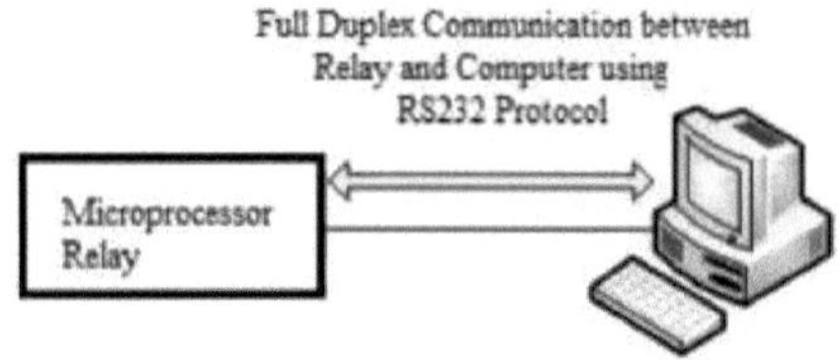

Figura 3.15. Configuração do protocolo RS232

Fonte: [13]

B.   Protocolo RS 485

Este protocolo é similar ao protocolo RS232 que permite que múltiplos relés se comuniquem em half-duplex. Este esquema half-duplex autoriza um relé a transmitir ou receber informações de comando. Isto significa que a informação é conduzida por sondagem/resposta. A comunicação é sempre iniciada pela "unidade mestre" e as "unidades escravas" não transmitem dados sem receber um pedido da "unidade mestre" nem comunicam entre si. Existem dois modos de comunicação no protocolo RS485. São eles: (i) modo Unicast e (ii) modo Broadcast. No modo unicast, a "unidade mestre" termina os comandos de sondagem e apenas uma "unidade escrava" responde ao seu comando em conformidade.

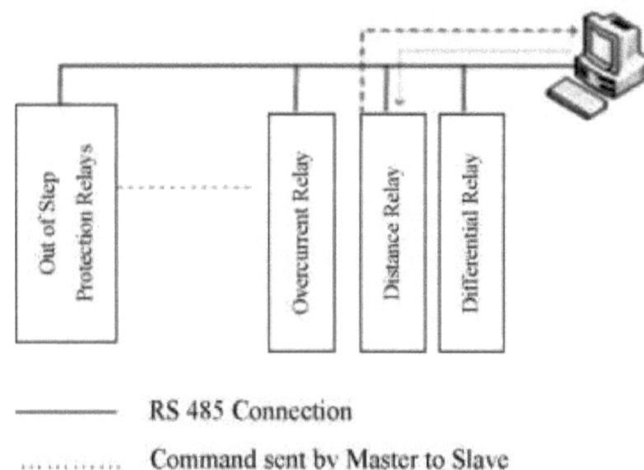

Figura 3.16. Configuração do protocolo RS 485: Modo Unicast

Fonte :[13]

A "unidade mestre" aguarda até obter uma resposta de uma "unidade escrava" ou abandona a resposta caso expire um período pré-definido. No modo de difusão, a "unidade mestre" transmite a mensagem a todas as "unidades escravas". A Figura 3.16. e a Figura 3.17. mostram uma configuração simples do protocolo RS485 em modo unicast e em modo broadcast, respetivamente.

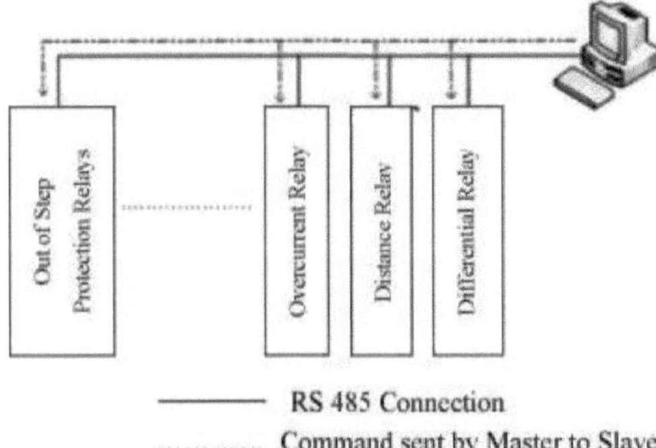

Figure 3.17.   Configuração do protocolo RS 485: Modo de difusão

Fonte :[13]

3.8.2.2 Protocolos baseados em camadas

Outros protocolos são desenvolvidos pelo modelo Open Systems Interconnection (OSI). Este modelo é um produto do esforço de Interligação de Sistemas Abertos da Organização Internacional de Normalização. O modelo subdivide um sistema de comunicação em vários níveis. Um nível é um conjunto de funções semelhantes que fornecem serviços ao nível superior e recebem serviços do nível inferior. Em cada camada, uma instância fornece serviços às instâncias da camada acima e solicita serviços da camada abaixo. Quando os dados são transferidos de um dispositivo para outro, cada camada adiciona a informação específica aos "cabeçalhos" e a informação é desencriptada no destino final.

A. DNP 3.0

O Distributed Network Protocol (DNP) 3.0 é um protocolo desenvolvido para alcançar um padrão de interoperabilidade entre computadores de subestações. Este protocolo adopta as camadas 1, 2 e 7 do modelo OSI para a implementação básica. Pode ser acrescentada uma quarta camada (uma camada de pseudo-transporte) para permitir a segmentação das

49

mensagens. Este protocolo DNP 3.0 com uma camada de pseudo-transporte é designado por modelo EPA (Enhanced Performance Architecture). É utilizado principalmente para comunicações entre estações mestras em sistemas de Controlo de Supervisão e Aquisição de Dados (SCADA), Unidades Terminais Remotas (RTUs) e Dispositivos Electrónicos Inteligentes (IEDs) para a indústria de serviços eléctricos. Este protocolo não espera pelos dados como o TCP/IP. Se um pacote se atrasar, depois de algum tempo, ele será descartado. Isto deve-se ao facto de o protocolo incluir uma sincronização de tempo associada às mensagens. A precisão desta etiqueta de tempo é da ordem dos milissegundos. É possível trocar mensagens de forma assíncrona, o que é mostrado em função da taxa de sondagem/resposta. A taxa de processamento típica é de 20 milissegundos.

B.   ModBus

O ModBus é também um protocolo de três camadas que comunica utilizando uma técnica "mestre-escravo", em que apenas um dispositivo pode iniciar transacções. Os outros dispositivos respondem fornecendo os dados solicitados ao mestre ou tomando a ação solicitada na consulta. Este protocolo não inclui sincronização de tempo como no caso do DNP3.0, em que cada mensagem é armazenada num buffer interno. No entanto, a sincronização do tempo pode ser implementada utilizando a fonte externa de sincronização do tempo, como o Sistema de Posicionamento Global, ou utilizando o mecanismo de temporização externo, como o Inter-Range Instrumentation Group (IRIG), para manter os dispositivos electrónicos inteligentes (IED) em sincronismo. Em geral, o IRIG proporciona uma precisão na ordem dos 100 microssegundos, mas requer um cabo coaxial dedicado para transportar os sinais de temporização, o que pode ser uma limitação para o número de dispositivos ligados. Por outro lado, o GPS fornece uma precisão superior à do IRIG, mas o custo e as complicações da instalação de antenas em cada dispositivo são a restrição à utilização do GPS. No entanto, a escolha do protocolo de sincronização do tempo é normalmente ditada pelo número e tipo de dispositivos do sistema de energia, bem como pela disposição física do equipamento. A taxa de processamento típica do protocolo ModBus é de 8 milissegundos. O protocolo pode ser classificado em três formatos de quadro, que são o American Standard Code for Information Interchange (ASCII), o Remote Terminal Unit (RTU) e o formato Transfer Control Protocol and Internet Protocol (TCP/IP). O ModBus ASCII e o ModBus RTU são ambos utilizados na comunicação em série. A diferença entre estas estruturas ASCII e RTU é o formato da mensagem de comunicação. No formato ASCII, são utilizados dois caracteres ASCII em cada mensagem de 8 bits por byte, ao passo que no formato RTU são utilizados dois caracteres hexadecimais de 4 bits. A vantagem do formato

ASCII é que permite intervalos de tempo de até um segundo entre os caracteres sem causar um erro. Por outro lado, a maior densidade de caracteres na RTU permite um melhor débito de dados em comparação com o ASCII para a mesma velocidade de transmissão, mas cada mensagem deve ser transmitida num fluxo contínuo

C.   IEC 61850

A IEC 61850 é uma norma para subestações eléctricas promovida pela Comissão Eletrotécnica Internacional (IEC). Os modelos de dados definidos no protocolo IEC 61850 podem ser mapeados para vários protocolos, por exemplo, para o Generic Object Oriented Substation Events (GOOSE), que permite a troca de dados analógicos e digitais ponto a ponto. O protocolo inclui etiquetas de tempo e também mensagens que podem ser trocadas de forma assíncrona. A taxa de processamento típica é de 12 milissegundos. O IEC 61850 oferece muitas vantagens em relação a outros protocolos, tais como a programação que pode ser feita independentemente da cablagem, um desempenho mais elevado com mais troca de dados, ou os dados são transmitidos várias vezes para evitar informações em falta.

CHAPTER 4

CONFIGURAÇÃO DO CENTRO DE CONTROLO REGIONAL

4.1 Centro de Controlo Regional (CCR)

Atualmente, o sistema elétrico de Mianmar é monitorizado e controlado pelo Centro Nacional de Controlo (NCC), situado em Nay-PyiTaw, e pelo Centro de Despacho de Cargas (LDC), em Rangum. O NCC é o departamento principal do sistema elétrico e o LDC é o principal responsável pela estabilidade do funcionamento do sistema elétrico. Quando ocorre uma avaria em qualquer parte do sistema, a subestação ou a estação de produção associada à avaria tem de fornecer informações ao LDC, que está integrado na subestação MaYanGone para determinar a causa e o tipo de avaria. Quando a subestação MaYanGone autoriza o defeito, o LDC comanda a ativação do disjuntor da parte defeituosa. Consoante a natureza das avarias, o tempo de eliminação de avarias da subestação MaYanGone pode ser diferente. Todo o produtor operacional de monitorização e controlo do sistema de energia é realizado pelo sistema de controlo tradicional, no qual os portadores da linha de energia são utilizados para a comunicação da rede do sistema de energia. Como resultado, existem muitas dificuldades, como o atraso na comunicação com o LDC, a subestação e o sistema de geração. Além disso, os medidores de frequência são utilizados para conhecer o estado do sistema elétrico. Se houver uma flutuação de frequência, pode-se saber que há um problema no sistema elétrico. Quando o sistema de energia está a diminuir drasticamente, o LDC tem de ter cuidado e, se necessário, fazer cortes de carga. Este método de controlo não é confortável para a estabilidade do sistema de energia porque depende completamente do operador humano. Por isso, é necessário modernizar o sistema de controlo, como o SCADA. O sistema de energia do nosso país precisa de ser atualizado para o centro de controlo modernizado pelas razões acima referidas. Nesta tese, o LDC é atualizado para o Centro de Controlo Regional (RCC) utilizando o sistema SCADA. Em primeiro lugar, a Subestação de Distribuição de Tharkayta e a Subestação de Distribuição de Hlawga são melhoradas para o sistema de automação.

4.2 Rede da Corporação de Fornecimento de Eletricidade de Rangum (YESC)

Sendo Yangon a cidade comercial de Myanmar, é o maior centro de carga. Na região de Rangum, existem oito subestações de distribuição de 230 kV, vinte

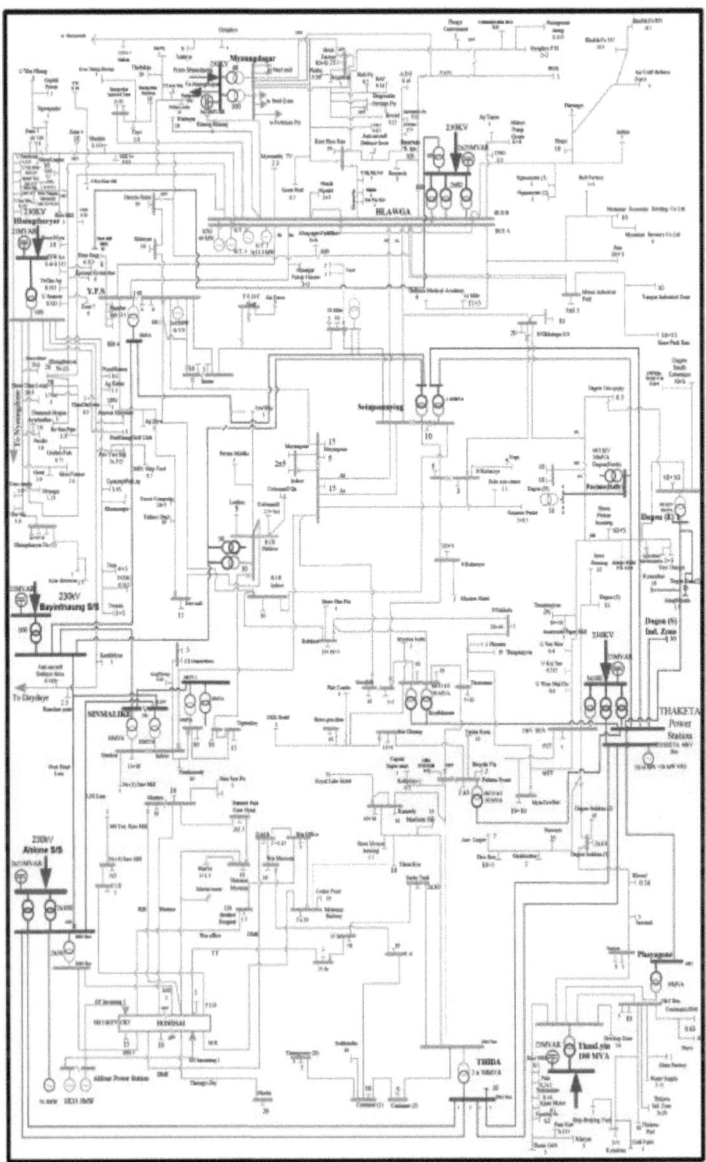

Figura 4.1. Diagrama unifilar das redes de distribuição de Rangum

números de subestações de 66 kV e 385 números de subestações de 33 kV. As oito subestações de 230 kV são Tharkayta, Ahlone, Hlawga, Bayintnaung, Myaungdaga, Hlaingtharyar, Thanlyin e East Dagon. Entre estas, a subestação de Tharkayta e a subestação de Hlawga são duas das subestações de 230 kV que estão a ser modernizadas para o sistema SCADA. A figura 4.1 mostra o diagrama unifilar das redes de distribuição de Rangum.

4.2.1. Subestação de distribuição de Tharkayta

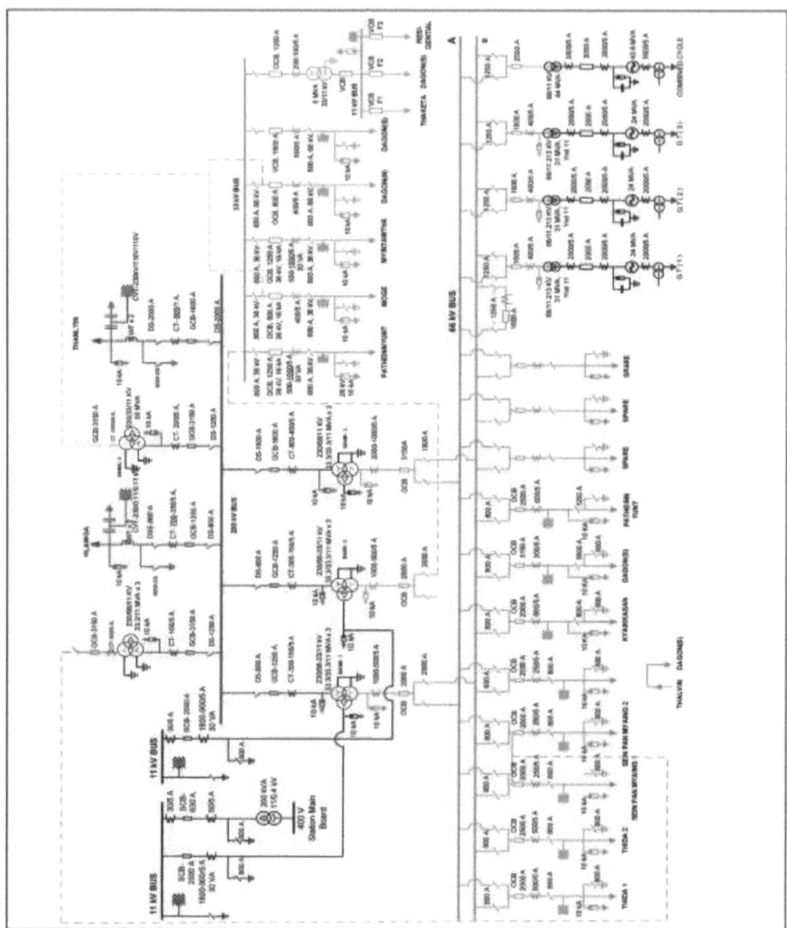

Figura 4.2. Diagrama de linha única da subestação de distribuição de Tharkayta

Existem duas linhas de alimentação de 230 kV: Hlawga e Thanlyin no barramento de 230 kV. Estas linhas de 230 kV são reduzidas para o nível de tensão de 66 kV utilizando três transformadores de 100 MVA e para o nível de tensão de 33 kV utilizando um transformador de 100 MVA e um transformador de 50 MVA. Assim, existem cinco números de bancos de transformadores. A figura 4.2. mostra o diagrama unifilar da subestação de distribuição de Tharkayta.

O Banco de Transformadores - 1, o Banco de Transformadores - 3 e o Banco de Transformadores - 4 são transformadores redutores de 230 kV/66 kV e o Banco de Transformadores - 2 e o Banco de Transformadores - 5 são transformadores redutores de 230 kV para 33 kV. Existem oito números de alimentadores de 66 kV e cinco números de alimentadores de 33 kV.

O banco - 1 secundário está ligado ao barramento - B de 66 kV e a produção de três turbinas a gás (GT) e uma turbina a vapor (STG) é adicionada a este barramento através de transformadores escalonados de 11kV/66kV. Por conseguinte, existem duas fontes: a entrada do Banco - 1 (Sistema) mais a produção de GT e STG. A partir deste barramento - B, são alimentados 66 kV - Thida (1), 66 kV - Thida (2), 66 kV - PaTheinNyut e 66 kV - South Dagon. O secundário do banco - 3 está também ligado ao barramento - A de 66 kV e alimenta as linhas de 66 kV - KyiteKaSan e 66 kV - East Dagon. O banco - 4 é utilizado para alimentar 66kV - SeinPanMyaing (1) e SeinPanMyaing (2) utilizando o condutor do banco - 4.

O secundário do Banco - 2 está ligado ao barramento de 33 kV e há também um somatório da produção dos motores a gás Max Power, sendo depois alimentado a 33kV - PaTheinNyut , 33kV - MyinThawThar e 33kV - South Dagon, enquanto o Banco - 5 alimenta 33kV - MOGE e 33kV - North Dagon no condutor do Banco - 5. As correntes de sobreintensidade e de ativação do relé de proteção à terra da subestação de Tharkayta são apresentadas no quadro 4.1.

Table 4.1. Ajuste dos relés de sobrecorrente e de falha à terra da subestação de Tharkayta

A. Para linhas de 230 kV e bancos de transformadores

Não.	Localização	Rácio CT	Definição Ampere (A)
1.	Hlawga Incoming	**700** - 350 /5	700
2.	Thanlyin Incoming	800/1	800
3.	Banco - 1 (Pri) , 230 kV	**300** - 150/5	249
4.	Banco - 2 (Pri) , 230 kV	**300** - 150/5	270
5.	Banco - 3 (Pri) , 230 kV	800 - 400/5	252
6.	Banco - 4 (Pri) , 230 kV	400/5	232
7.	Banco - 5 (Pri) , 230 kV	200/5	120
Não.	Localização	Rácio CT	Definição Ampere (A)

8.	Banco - 1 (Sec) , 66 kV	**1000** - 500/5	870
9.	Banco - 2 (Sec) , 33 kV	**2000** - 1000/5	1800
10.	Banco - 3 (Sec) , 66 kV	2000 - 1000/5	870
11.	Banco - 4 (Sec) , 66 kV	800/5	800
12.	Banco - 5 (Sec) , 33kV	2000/5	800

B. Para alimentadores de 66 kV

Não.	Localização	Rácio CT	Definição Ampere (A)
1.	66 kV - Thida - 1	**500** - 250/5	500
2.	66 kV - Thida - 2	**500** - 250/5	500
3.	66kV - PTN	600/5	420
4.	66 kV - D - S	300/5	240
5.	66kV - KKS	1200 - 600/5	480
6.	66kV - D - E	**500** - 250/5	400
7.	66kV - SPM - 1	**500** - 250/5	500
8.	66kV - SPM - 2	**500** - 250/5	500

C. Para alimentadores de 33kV

Não.	Localização	Rácio CT	Definição Ampere (A)
1.	33 kV - PTN	**1200** - 600/5	600
2.	33 kV - MTT	**1000** - 500/5	500
3.	33 kV - D - S	1200 - 600/5	540
4.	33 kV - MOGE	**600** - 300/5	480
5.	33 kV - D - N	1200 - 600/5	540

No quadro 4.1, os valores a negrito são os valores atualmente utilizados.

4.2.2 Subestação de distribuição de Hlawga

Há duas linhas de alimentação de 230 kV de entrada, TharYarGone e ShweDaung, e uma linha de saída de 230 kV, Tharkayta, no barramento de 230 kV. Estas linhas de 230 kV são reduzidas para o nível de tensão de 66 kV utilizando um transformador de redução de 60

MVA e para o nível de tensão de 33 kV utilizando três transformadores de redução de 100 MVA. Assim, pode dizer-se que existem quatro números de bancos de transformadores.

O Banco de Transformadores - 1, o Banco de Transformadores - 2 e o Banco de Transformadores - 4 são transformadores redutores de 230kV /33 kV e o Banco de Transformadores - 3 é um transformador redutor de 230 kV para 66 kV. Existem dezanove números de alimentadores de 33 kV e um número de alimentadores de 66 kV. A figura 4.3 mostra o diagrama unifilar da subestação de distribuição de Hlawga.

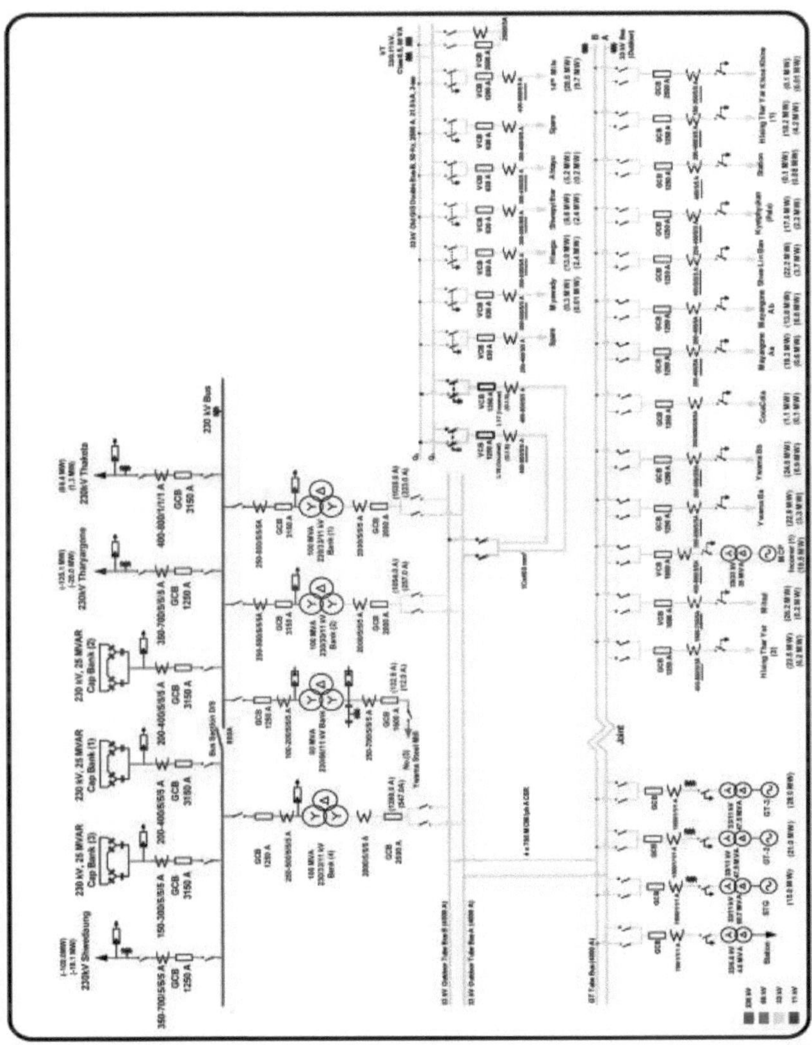

Figura 4.3. Diagrama de linha única da subestação de distribuição de Hlawga

Os secundários do Banco - I e do Banco - 2 estão ligados ao barramento de 33 kV - B e a produção do GT-3, STG e MyanShwePyi (MCP) -2 é adicionada a este barramento através de transformadores de 11kV/33kV. Por conseguinte, existem duas fontes: a entrada do Banco - 1 (Sistema) e do Banco - 2 (Sistema) mais a produção do GT-3, STG e MCP-2. A partir deste barramento de 33kV - B, são alimentados U_Paing, Shwe_Lin_Ban, Mitsui, Mitsui (Novo), Kyet_Phyu_Kan, Hlaing_Thar_Yar (1), KhineKhine, Myawady, Hlaegu, Shwe_Pyi_Thar, Ahtayu, Pale e 14th Mile. O secundário do Banco-3 é diretamente fornecido ao alimentador n.º 3 da siderurgia de Ywama.

O secundário do banco - 4 está também ligado ao barramento - A de 33 kV e a produção de GT-1, GT-2 e MyanShwePyi (MCP) -1 é alimentada a este barramento através de transformadores de 11kV/33kV. As correntes de regulação dos relés de sobreintensidade e de defeito à terra da subestação de Hlawga são apresentadas no quadro 4.2.

Table 4.2. Ajuste dos relés de sobrecorrente e de falha à terra da subestação de Hlawga

A. Para linhas de 230 kV e bancos de transformadores

Não.	Localização	Rácio CT	Definição Ampere (A)
1	ShweDaung _ A chegar	350 - 700/5/5/5	700
2	TharYarGone _ A chegar	350 - 700/5/5/5	700
3.	Tharkayta _ Saída	400 - 800/5/5/5	800
3	Banco - 1 (Pri) , 230 kV	250 - 500/5/5/5	250
4	Banco - 2 (Pri), 230 kV	250 - 500/5/5/5	250
5	Banco - 3 (Pri) , 230 kV	100 - 200/5/5/5	150
6	Banco - 4 (Pri) , 230 kV	250 - 500/5/5/5	250
8	Banco - 1 (Sec) , 33 kV	2000/5/5/5	1500
9	Banco - 2 (Sec) , 33 kV	2000/5/5/5	1500
10	Banco - 3 (Sec) , 66 kV	250 - 700/5/5/5	525
11	Banco - 4 (Sec) , 33 kV	2000/5/5/5	1740

B. Para um alimentador de 66 kV e dezoito alimentadores de 33 kV

Não.	Localização	Rácio CT	Definição Ampere (A)

1.	66 kV - Ywama - SteelMill	**700/5/5/5**	700
2.	33 kV - HTY - 2	800/5/5	560
Não.	Localização	Rácio CT	Definição Ampere (A)
3.	33 kV - Ywama - Ba	600/5/5	600
4.	33 kV - Ywama - Bb	600/5/5	600
5.	33 kV - CocaCola	300/5/5	180
6.	33 kV - MYG - Aa	400/5/5	400
7.	33 kV - MYG - Ab	400/5/5	400
8.	33 kV - U - Paing	400/5/5	200
9.	33 kV - ShweLinBan	800/5/5	400
10.	33 kV - Mitsui	750/5	562.5
11.	33 kV - KyetPhyuKan	400/5/5	400
12.	33 kV - HTY - 1	400/5/5	400
13.	33 kV - KhineKhine	300/5/5/5	30
14.	33 kV - MyaWaDy	600/5/5	120
15.	33 kV - Hlaegu	600/5/5	420
16.	33 kV - ShwePyiThar	600/5/5	540
17.	33 kV - Ahtayu	400/5/5	140
18.	33 kV - Pálido	400/5/5	400
19.	33 kV - 14th - Milha	800/5/5	600

No quadro 4.2, os valores a negrito são os valores atualmente utilizados.

4.3 Melhoria da subestação de distribuição de Tharkayta

Uma vez que o sistema de controlo da subestação de distribuição de Tharkayta era um sistema tradicional no passado, não era confortável porque os eventos e as medições não podiam ser vistos facilmente, uma vez que só podiam ser vistos nos relés e contadores associados. Assim, nesta tese, o melhoramento desta subestação é efectuado pelo sistema SCADA. Em primeiro lugar, o esquema de controlo da produção e as falhas mais frequentes nesta subestação são configurados no Unity Pro XL (software PLC).

4.3.1 Esquema de controlo da produção da subestação de distribuição de Tharkayta

Em condições normais, todos os bancos de transformadores e todos os alimentadores estão a consumir corrente dentro das suas correntes de regulação dos relés. No barramento de 230 kV, a soma das correntes de Hlawga e Thanlyin deve ser igual à soma das correntes dos cinco bancos de transformadores. Para a estabilidade do sistema, a corrente da linha Hlawga é mantida constante dentro das suas correntes de ajuste e a corrente da linha Thanlyin é utilizada como uma variação das correntes dos bancos de transformadores. Quando há um aumento ou diminuição das correntes dos bancos de transformadores, isso afectará as correntes da linha Thanlyin.

$I(230 \text{ kV}) = I(\text{Hlawga}) + I(\text{Thanlyin})$

$= Ip(B_1) + Ip(B_2) + Ip(B_3) + Ip(B_4) + Ip(B)_5$ Equação 4.1

$ICThanlyin) = I \text{ Hlawga}() - [Ip(Bj + Ip(B2) + Ip(B3) + Ip(B4) + Ip(E5)]$ em que,

$I (230\text{kV})$ = Corrente no barramento de 230kV

$I (\text{Hlawga})$ = Corrente da linha Hlawga

$I (\text{Thanlyin})$ = Corrente da linha Thanlyin

Ip = Corrente primária do banco de transformadores

B_1 , B_2 , B_3 , B_4 e B_5 .... Os números dos bancos de transformadores

Se houver uma interrupção ou qualquer problema no fornecimento da linha Hlawga, pode causar uma sobrecarga na linha Thanlyin. Para evitar esta situação, o Banco 4 e o Banco 5 são comandados para serem temporariamente desligados automaticamente. Só quando a linha Hlawga voltar ao normal, os disjuntores destes dois bancos podem ser fechados a partir do SCADA.

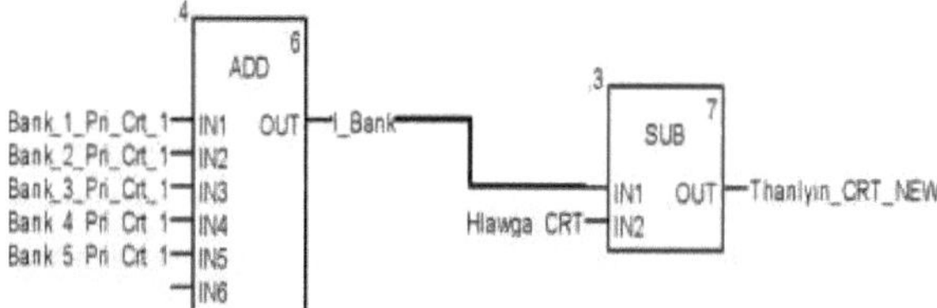

Figura 4.4. Diagrama de blocos funcionais (FBD) para o fluxo de potência do barramento de 230kV; Tharkayta

No barramento_B de 66 kV, as linhas de entrada são o banco-1 secundário e a geração de GT e STG e há quatro alimentadores. A geração do GT-1 e do GT-3 é considerada e a alimentação do GT-1 e do Banco -1 é mantida constante e a geração do GT-3 depende da carga do barramento de 66 kV _B. A figura 4.4 mostra o diagrama de blocos funcionais para o fluxo de potência do barramento de 230 kV na subestação de Tharkayta.

I (BARRAMENTO DE 66 kV$_B$) = Is (B$_1$) + I(GTl) + I(GT3)

= I(Tl) + I(T2) + I(PTN - 66) + I(D$_s$ - 66) $\qquad$ Equação 4.2

I(GT3) = [Is (B$_1$) + I(GTl)] - [I(Tl) + I(T2) + I(PTN - 66) + I(D$_s$ - 66)] em que,

I (66kVBus_B) = A corrente no barramento_B de 66kV

I (T1)= A corrente do alimentador 66kV_Thida_1

I (T2)= A corrente do alimentador de 66kV_Thida_2

I (PTN - 66)= A corrente do alimentador de 66kV_Patheinnyut_

I (DS - 66) = A corrente do alimentador de 66kV_South_Dagon_

I (GT1, GT2, GT3) = As correntes das turbinas a gás

Is=   Corrente secundária do transformador Bancos

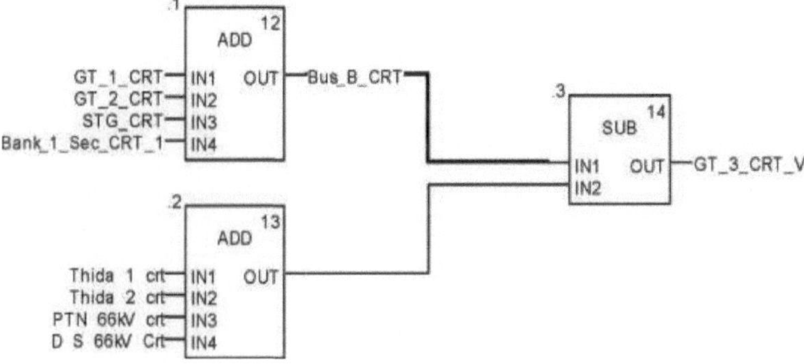

Figura 4.5. Diagrama de blocos funcionais (FBD) para o fluxo de potência do barramento_B de 66kV; Tharkayta

Se houver algum problema na linha de entrada do barramento_B de 66kV, isso pode fazer com que GT3 fique sobrecarregado. Para superar esta condição, assim que I (GT3) tiver atingido a corrente máxima, o disjuntor de Thida_1_66kV, Thida_2_66kV e D_S_66kV será desligado e PTN_66 kV_Crt é limitado até 230 A automaticamente. A figura 4.5 mostra o diagrama de blocos funcionais para o fluxo de energia do barramento_B de 66 kV na subestação de Tharkayta.

No barramento de 33 kV, há também a geração dos motores de potência máxima com o

Banco_2_secundário como alimentação de entrada e, em seguida, três alimentadores de 33 kV estão a alimentar. Para efeitos de estabilidade do sistema elétrico, a entrada do Banco_2 é mantida constante e a produção dos motores de potência máxima é considerada variável.

I(33 kV-Bus) = Is(B$_2$) + I(MP) = I(PTN~33) + I(MTT) + I(D_S_33kV)

Equação 4.3

I(MP) = Is (B$_2$) - [I(PTN-33) + I(MTT) + I(D_S_33kV) em que,

I (33kV_Bus) = A corrente no barramento de 33 kV

I (MP) = Soma da corrente do motor a gás de potência máxima

I (PTN_33)= A corrente do alimentador de 33kV_Patheinnyut

I (MTT)= A corrente do alimentador de 33kV_MyinThawThar

I (D_S_33kV)= A corrente do alimentador de 33kV_South_Dagon

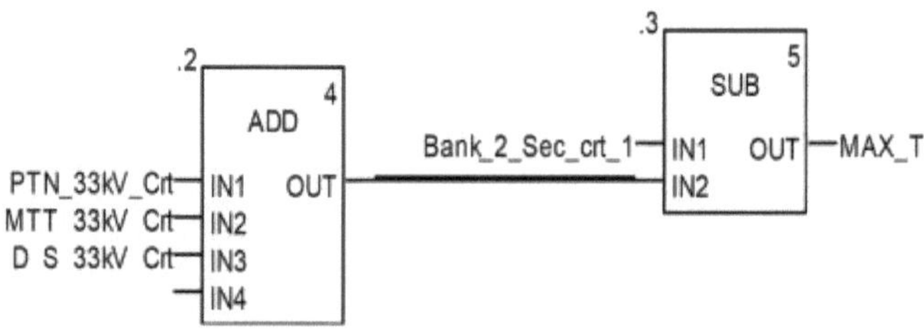

Figura 4.6. Diagrama de blocos funcionais (FBD) para o fluxo de potência do barramento de 33kV; Tharkayta

Se também houver alguma falta na alimentação de entrada do Banco_2, o disjuntor D_S_33kV será DESLIGADO e os alimentadores PTN_33kV e MTT_33kV serão autorizados a consumir a corrente de acordo com o Max_Power_Crt automaticamente. A Figura 4.6.mostra o diagrama de blocos de funções para o fluxo de potência do barramento de 33kV na subestação de Tharkayta.

Da mesma forma,

I (66 kV_Bus_A) = Is (B$_3$) = I(KKS) + I(D - E)   Equação 4.4

I (Bank_4_Cond) = Is (B$_4$) = I(SPM~1) + I(SPM~2)   Equação 4.5

Equação 4.6

I (Bank_5_Cond) = Is (B$_5$) = I(MOGE) + I(D_N)

onde,

I (66kVBus_A)   = A corrente no barramento de 66kV_A

I (KKS)   = A corrente do alimentador 66kV_KyiteKaSan

I (D -E)   = A corrente do alimentador 66kV_East_Dagon

I (SPM_1)   = A corrente do alimentador 66kV_SeinPanMying_1

I (SPM_2)   = A corrente do alimentador 66kV_SeinPanMying_2

I (MOGE)   = A corrente do alimentador 33kV_MOGE

I (D_N)   = A corrente do alimentador de 33kV_North_Dagon

I (Banco_4_Cond) = A corrente no condutor do Banco_4 do transformador

I (Banco_5_Cond) = A corrente no condutor do Banco_5 do transformador

Todos os bancos de transformadores, os barramentos e os alimentadores consomem corrente dentro das suas correntes de ajuste de corrente de relé em condições normais e, mesmo que haja qualquer falha no lado da alimentação, os disjuntores associados à falha serão automaticamente desligados.

4.3.2 As falhas ocorreram principalmente na subestação

Embora existam muitos tipos de defeitos, os defeitos que mais ocorrem na subestação de distribuição de Tharkayta são o defeito de linha simples, o defeito de linha simples para a terra, o defeito de linha para linha e o defeito de linha dupla para a terra nos alimentadores, sendo também necessária uma proteção diferencial para os bancos de transformadores. Por conseguinte, os esquemas de proteção para estas condições são configurados nesta secção.

4.3.2.1 Proteção diferencial para bancos de transformadores

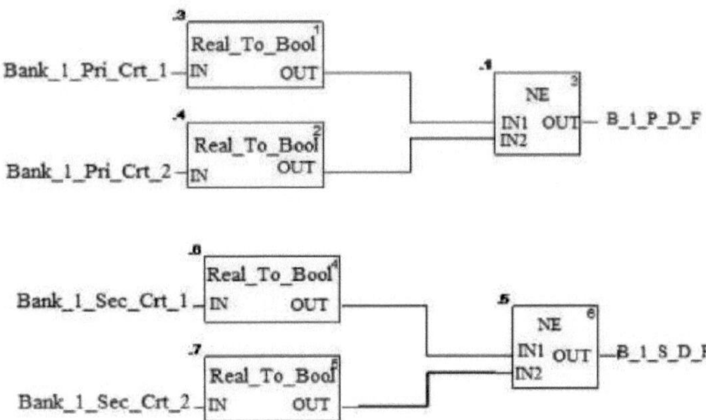

Figura 4.7. Diagrama de blocos funcionais (FBD) para a proteção diferencial do

transformador_banco_1; Tharkayta

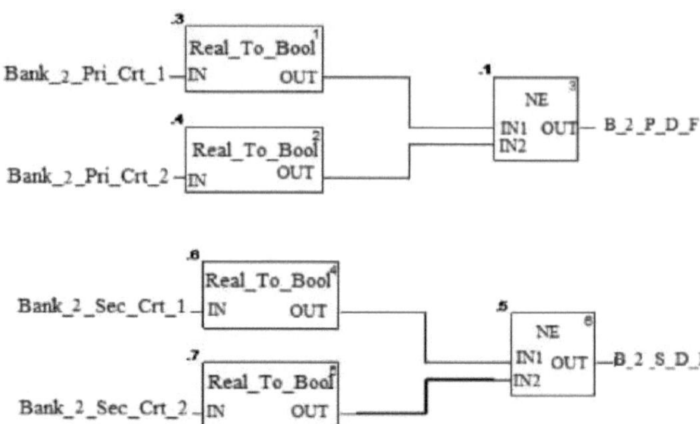

Figura 4.8. Diagrama de Blocos Funcionais (FBD) para a Proteção Diferencial do Banco de Transformadores A proteção diferencial do Banco de Transformadores é realizada por um relé diferencial quando a corrente de entrada no enrolamento difere das correntes de saída do enrolamento. Os diagramas de blocos de função acima são a proteção diferencial para cada transformador e são programados no Unity Pro XL (software PLC). A Figura 4.7. até à Figura 4.8. mostra o diagrama de blocos de função para a proteção diferencial dos bancos de transformadores na subestação de Tharkayta.

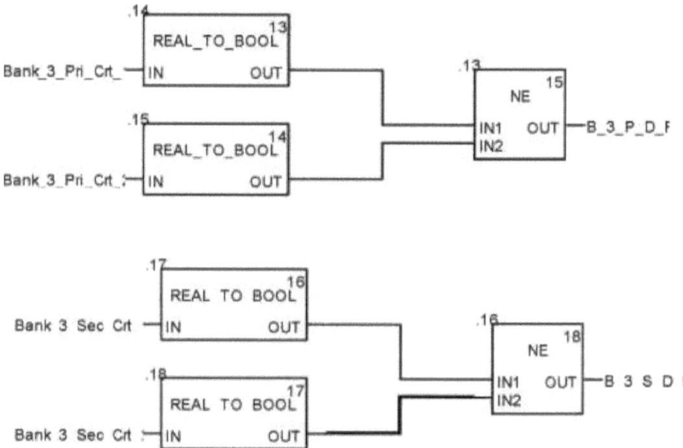

Figura 4.9. Diagrama de blocos funcionais (FBD) para proteção diferencial do transformador_banco_3; Tharkayta

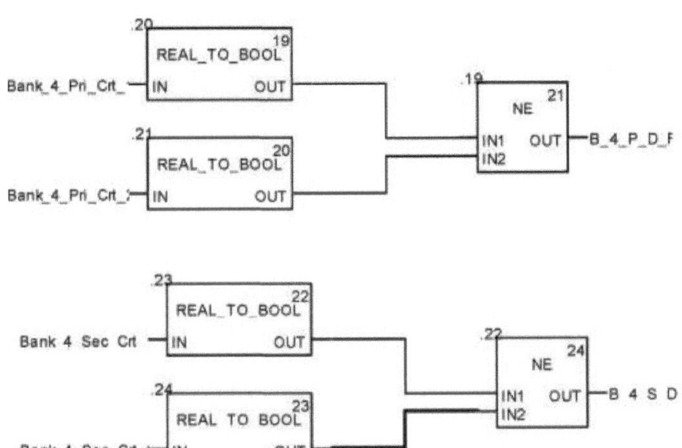

Figura 4.10. Diagrama de blocos funcionais (FBD) para a proteção diferencial do transformador_banco_4; Tharkayta

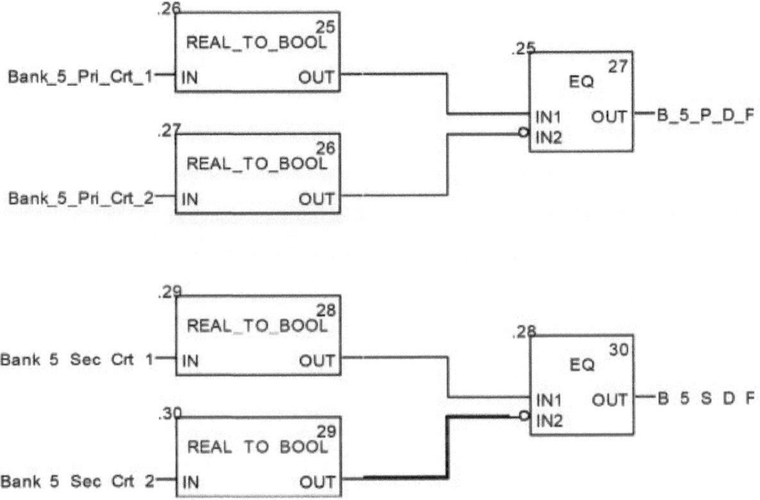

Figura 4.11. Diagrama de blocos funcionais (FBD) para a proteção diferencial do transformador_banco_5; Tharkayta

4.3.2.2 Defeito numa só linha

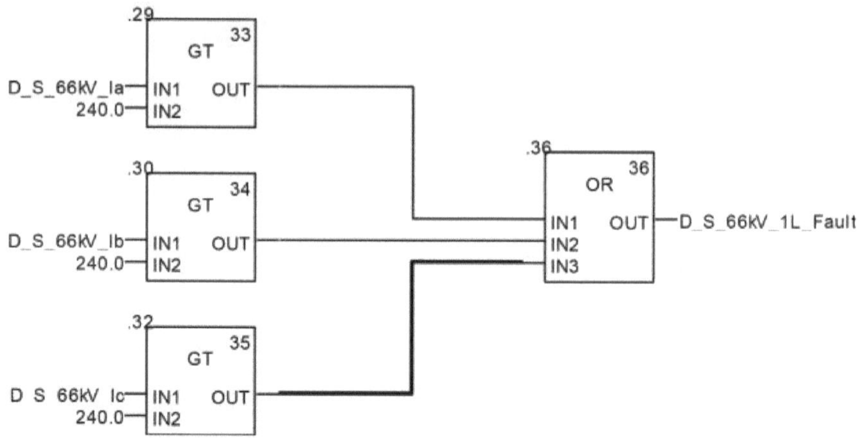

Figura 4.12. Diagrama de blocos funcionais (FBD) para proteção contra sobrecorrente de linha única, Tharkayta

Este diagrama de blocos funcionais (FBD) mostra o esquema de proteção de um defeito de sobreintensidade numa linha única que ocorre no alimentador D_S_66 kV. O ajuste do relé de sobrecorrente para o alimentador D_S_66Kv é de 240 A. Esta condição ocorre quando o aumento constante em qualquer fase da corrente do alimentador ultrapassa a sua corrente de ajuste. Assim, o relé de sobrecorrente actua quando a corrente em falta atinge 1,2 vezes a corrente máxima e 0,4 segundos depois. A Figura 4.12 mostra o diagrama de blocos funcional da proteção de sobrecorrente de linha única da subestação de Tharkayta.

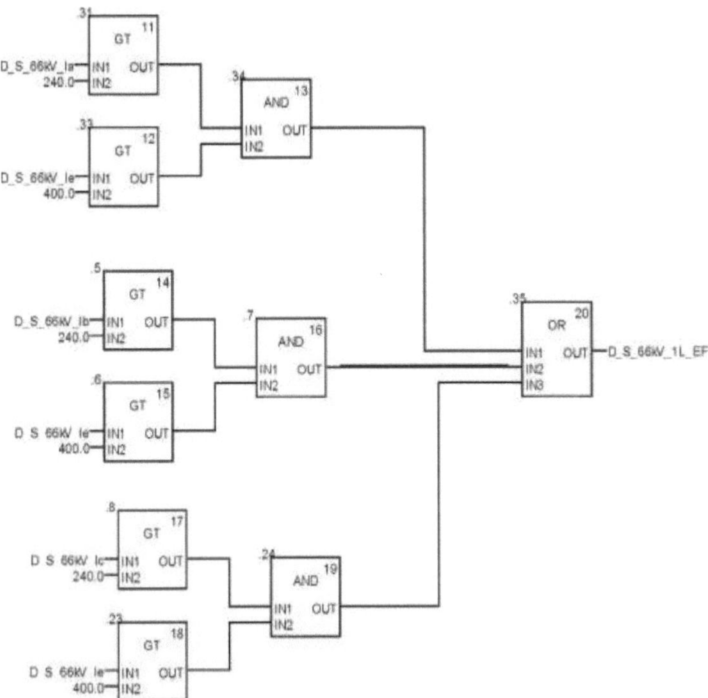

Figura 4.13. Diagrama de blocos funcionais (FBD) para a proteção contra defeitos de linha única_para_a_terra, Tharkayta

O diagrama de blocos de funções acima mostra a proteção contra um defeito simples da linha à terra para o alimentador D_S_66kV. O defeito de linha simples para a terra ocorre quando qualquer uma das correntes trifásicas (Ia, Ib e Ic) e a corrente de neutro ou a corrente de terra excedem a corrente de ajuste do relé devido ao efeito da velocidade do vento, à colocação do ramo da árvore na linha ou a qualquer circunstância inesperada. Assim que a falha ocorre, o disjuntor da parte defeituosa é disparado por meio do relé associado para não danificar nenhum outro equipamento. A figura 4.13 mostra o diagrama de blocos de funções da proteção Single_Line_To_Ground_Fault em Tharkayta.

4.3.2.3 Defeito linha a linha

O defeito linha a linha ocorre quando quaisquer duas das correntes trifásicas (Ia & Ib ou Ib & Ic ou Ic & Ia) são excedidas no seu ajuste de corrente do relé. Nesta condição, a corrente de defeito pode ser de quilo Amp e não há tempo para esperar para acionar o relé. Isto pode ser chamado de sobrecorrente instantânea. A Figura 4.14 mostra o diagrama de blocos funcionais para a proteção contra defeitos linha a linha da subestação de Tharkayta.

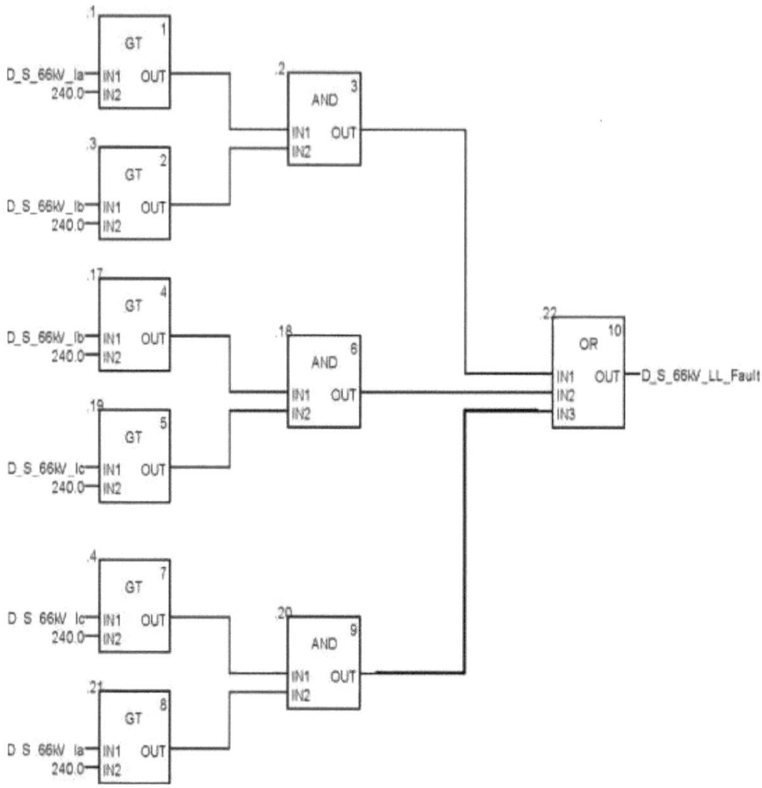

Figura 4.14. Diagrama de Blocos Funcionais (FBD) para a proteção contra defeitos Linha_To_Linha; Tharkayta

4.3.2.4 Defeito de linha dupla à terra

O defeito de linha dupla para a terra ocorre quando quaisquer duas das correntes trifásicas (Ia&Ib ou Ib&Ic ou Ic&Ia) ultrapassam as suas correntes de regulação e existe um valor elevado de corrente de neutro. A figura 4.15 mostra o diagrama de blocos funcionais para a proteção contra o defeito duplo linha-terra na subestação de Tharkayta.

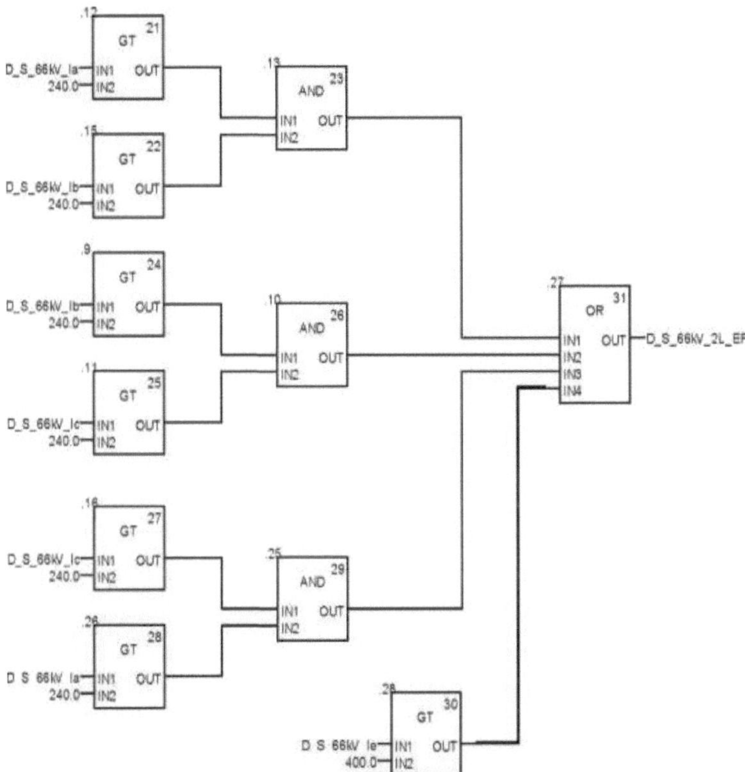

Figura 4.15. Diagrama de blocos funcionais (FBD) para proteção contra defeitos do tipo "Double_Line_To_Ground", Tharkayta

4.4 Melhoria da subestação de distribuição de Hlawga

Uma vez que o sistema de controlo da subestação de distribuição de Hlawga era um sistema tradicional no passado, não era confortável porque os eventos e as medições não podiam ser vistos facilmente, uma vez que só podiam ser vistos nos relés e contadores associados. Assim, nesta tese, a melhoria desta subestação é efectuada através do sistema SCADA. Em primeiro lugar, o esquema de controlo da produção e as falhas mais frequentes nesta subestação são configurados no Unity Pro XL (software PLC).

4.4.1 Esquema de controlo da produção da subestação de distribuição de Hlawga

Em condições normais, todos os bancos de transformadores e todos os alimentadores estão a consumir corrente dentro das suas correntes de regulação dos relés. No barramento de 230 kV, a soma das duas correntes de entrada, TharYarGone e ShweDaung, deve ser igual à soma das correntes de saída, Tharkayta, e da corrente dos quatro bancos de transformadores. Para a estabilidade do sistema, a corrente TharYarGonecurrent é mantida constante dentro das suas correntes de ajuste e a corrente ShweDaung é utilizada como uma variação da soma da corrente Tharkayta e das correntes do banco de transformadores. Quando há um aumento ou uma diminuição na soma da corrente de saída do barramento de 230 kV, isso afectará as correntes de ShweDaung.

$I(230 \text{ kV}) = I(TYG) + I(SHD)$

$= I(TKT) + Ip(B) + Ip(B) + Ip(B_{123}) + Ip(B_4) + Ip(B_5)$ Equação 4.7

$I(SHD) = I(TYG) - [I(TKT) + Ip(B_i) + Ip(B_2) + Ip(B_3) + Ip(B_4) + Ip(B_5)]$ em que,

$I(TYG)$ = A corrente da linha 230kV_TharYarGone

$I(SHD)$ = A corrente da linha 230kV_ShweDaung

$I(TKT)$ = A corrente da linha 230kV_Tharkayta

Se houve uma interrupção ou qualquer problema no abastecimento da linha TharYarGoneline, isso pode causar uma sobrecarga na linha ShweDaung. Para evitar esta situação, o Banco 1, o Banco 2 e o Banco 5 são comandados para serem temporariamente desligados automaticamente. Só quando a linha TharYarGoneline voltar ao normal é que estes três bancos podem ser ligados a partir do SCADA.

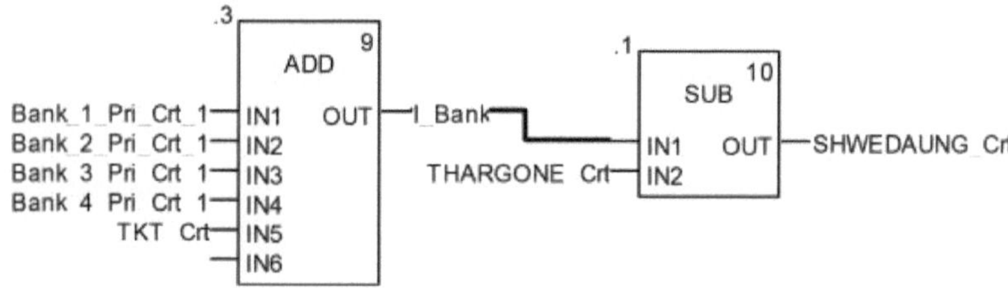

Figura 4.16. Diagrama de blocos funcionais (FBD) para o fluxo de potência do barramento de 230kV; Hlawga

No barramento_B de 33 kV, as linhas de entrada são o secundário do Banco-1, o secundário do Banco-2 e a geração de GT_3, STG e MCP_2 e há doze alimentadores. A geração de GT-3, STG, Banco -1 e Banco_2 é mantida constante e a geração de MCP_2 depende da carga do barramento de 33 kV _B. A figura 4.16 mostra o diagrama de blocos funcionais para o fluxo de potência do barramento de 230 kV na subestação de Hlawga.

$I(33 \text{ kV}_{BuSB}) = Is(B_1) + Is(B_2) + I(GT3) + I(STG) + I(MCP)_2$

$= I(U\text{-}Paing) + I(SLB) + I(Mitsui) + I(KPK) + I(HTY\text{-}I) + I(KK) + I(MWD) + I(Hlaegu) +$

I(SPT) + I(Ahtayu) + I(Plae) + I(14thMile) Equação 4.8

I(MCP-2) = [Is(B$_1$) + Is(B$_2$) + I(GT$_3$) + I(STG)] - [I(U-Paing) + I(SLB)

+ I(Mitsui) + I(KPK) + I(HTY-I) + I(KK) + I(MWD) + I(Hlaegu)

+ I(SPT) + I(Ahtayu) + I(Plae) + I(14thMile)]

onde,

I (33kV_ Barramento_B) = A corrente no 33kV_Bus_B

I (U_Paing) = A corrente do alimentador 33kV_U_Paing

I (SLB) = A corrente do alimentador 33kV_ShweLinBan

I (Mitsui) = A corrente do alimentador 33kV_Mitsui

I (KPK) = A corrente do alimentador 33kV_KyetPhyuKan

I (HTY_1) = A corrente do alimentador de 33kV_HlangTharYar_1

I (KK) = A corrente do alimentador 33kV_KhineKhine

I (MWD) = A corrente do alimentador 33kV_MyaWaDi

I (Hlaegu) = A corrente do alimentador de 33kV_Hlaegu

I (SPT) = Corrente do alimentador de 33kV_ShwePyiThar

I (Ahtayu) = A corrente do alimentador de 33kV_Ahtayu

I (Pálido) = A corrente do alimentador de 33kV_Pale

I (14ª milha) = A corrente do alimentador de 33kV_14 Mileth

I (GT1, GT2, GT3) = As correntes das turbinas a gás

I (STG) = A corrente da Turbina a Vapor

I (MCP_1,MCP_2) = A corrente da máquina de gás MyanShwePyi

Se houver algum problema na linha de entrada do barramento_B de 33kV, isso pode fazer com que a MCP_2 fique sobrecarregada. Para ultrapassar esta situação, assim que I (MCP_2) atingir a corrente máxima, o disjuntor dos alimentadores ShwePyiThar_33kV e 14th _Mile_33kV será automaticamente desligado. Depois de o estado voltar ao normal, estes dois disjuntores podem ser ligados.

No 33 kV_Bus_A, há também a geração do GT_1, GT_2, MCP_1 com o Banco_4_secundário como a alimentação de entrada e, em seguida, seis números de alimentadores de 33kV estão alimentando. Para efeitos de estabilidade do sistema de energia, a entrada do Banco_4 e a geração de GT_1 e GT_2 são mantidas constantes e a geração de MCP_1 é considerada variável. A Figura 4.17 mostra o diagrama de blocos funcionais para o fluxo de potência do barramento_B de 33 kV na subestação de Hlawga.

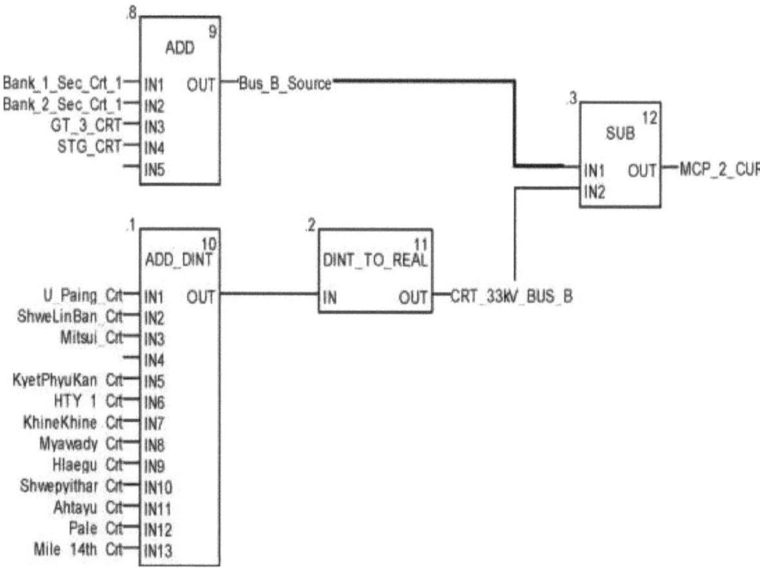

Figura 4.17. Diagrama de blocos funcionais (FBD) para o fluxo de potência do barramento_B de 33 kV; Hlawga

$I(33\ kVBus_A) = Is(B_4) + I(GT_1) + I(GT_2) + I(MCP)_1$

$= I(HTY_2) + I(YWM_{\beta a}) + I(YWM_{\beta b}) + I(CocaCola) + I(MYG\_Aa) + I(MYG\text{-}Ab)$ Equação 4.9

$I(MCP\text{-}1) = [Is(B4) + I(GTi) + I(GT2)] - [I(HTY_2) + I(Ywm_\beta\ a) + I(Ywm_\beta\ b)$

$+ I(CocaCola) + I(MYG_{Aa}) + I(MYG_{Ab})]$ em que,

$I(33kV\_Bus\_A)$ = A corrente no 33kV_Bus_A

$I(HTY_2\quad)$ = A corrente do alimentador de 33kV_HlaingTharYar_2

$I(YWMB_a)$ = A corrente do alimentador de 33kV_Ywama_Ba

$I(YWM_{Bb})$ = A corrente do alimentador de 33kV_Ywama_Bb

$I(CocaCola)$ = A corrente do alimentador de 33kV_CocaCola

$I(MYG\_Aa)$ = A corrente do alimentador 33kV_MyanYoneGone_Aa

$I(MYG\_Ab)$ = A corrente do alimentador 33kV_MyanYoneGone_Ab

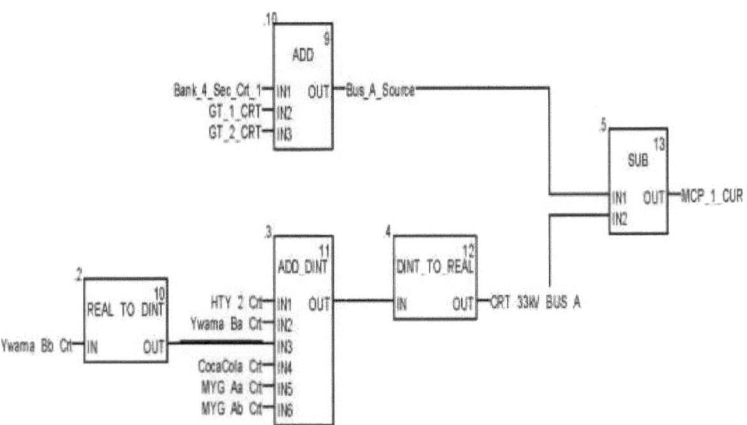

Figura 4.18. Diagrama de blocos funcionais (FBD) para o fluxo de potência do barramento_A de 33 kV;

Hlawga

Se houver também alguma falta na alimentação de entrada do Banco_4, os disjuntores dos alimentadores YWM_Ba e YWM_Bb serão desligados automaticamente. A figura 4.18 mostra o diagrama de blocos funcionais para o fluxo de potência de 33 kV na subestação de Hlawga.

Da mesma forma,

I (66 kV-Bus) = Is (B$_3$) = I(YWM-SteelMill)   Equação 4.10

onde,

I (barramento de 66kV_) = A corrente no barramento de 66kV

I(YWM_SteelMill) = A corrente do alimentador 66kV_Ywam_SteelMill

Todos os bancos de transformadores, os barramentos e os alimentadores consomem corrente dentro das suas correntes de ajuste de corrente de relé em condições normais e mesmo que haja qualquer falha no lado da alimentação, os disjuntores associados à falha serão automaticamente desligados para não danificar quaisquer outras partes do sistema.

4.4.2 As falhas ocorreram principalmente na subestação

Embora existam muitos tipos de defeitos, os defeitos que mais ocorrem na subestação de distribuição de Hlawga são o defeito de linha simples, o defeito de linha simples para a terra, o defeito de linha para linha e o defeito de linha dupla para a terra para os alimentadores, sendo também necessária uma proteção diferencial para os bancos de transformadores. Por conseguinte, os esquemas de proteção para estas condições são configurados nesta secção.

4.4.2.1 Proteção diferencial para bancos de transformadores

A proteção diferencial para o Banco de Transformadores é realizada por relé diferencial quando a corrente de entrada no enrolamento difere das correntes de saída do enrolamento. Os diagramas de blocos de função acima são a proteção diferencial para cada transformador e são programados no Unity Pro XL (software PLC). A Figura 4.19. até à Figura 4.22. mostra o diagrama de blocos de função para a proteção diferencial dos bancos de transformadores na subestação de Hlawga.

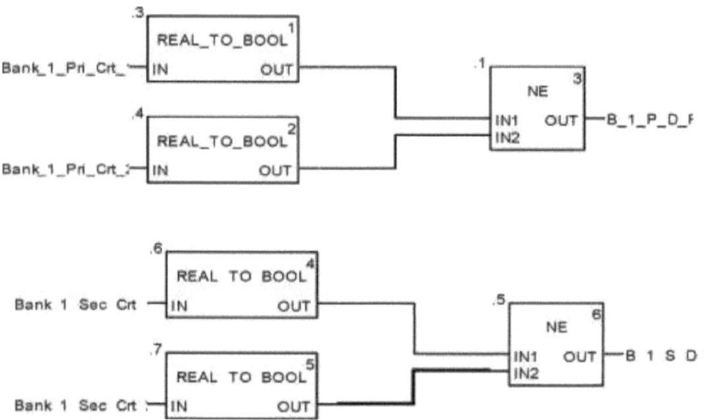

Figura 4.19. Diagrama de Bloco Funcional (FBD) para Proteção Diferencial do Transformador_Bank_1; Hlawga

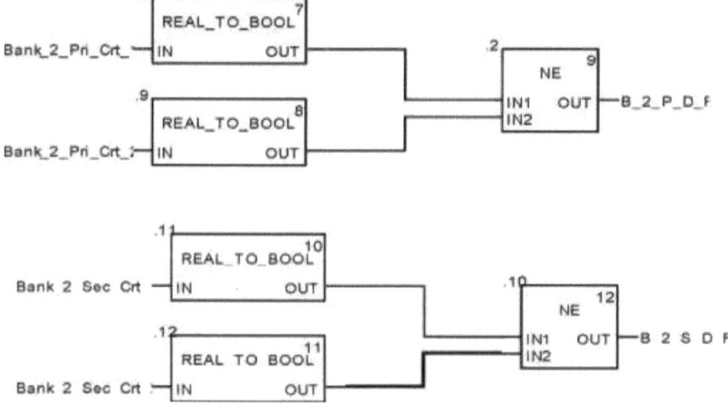

Figura 4.20. Diagrama de blocos funcionais (FBD) para a proteção diferencial do transformador_banco_2; Hlawga

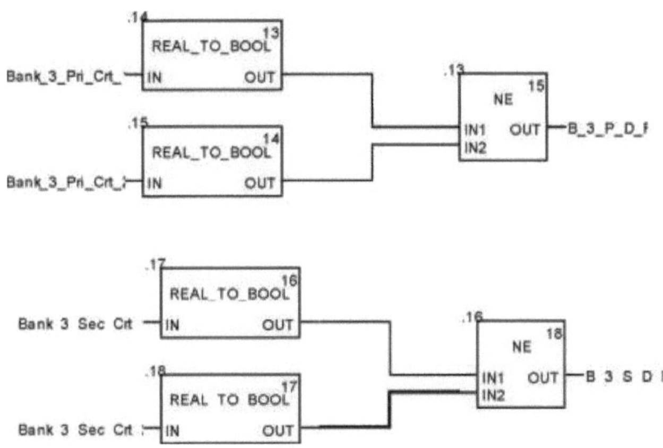

Figura 4.21. Diagrama de blocos funcionais (FBD) para a proteção diferencial do transformador_banco_3; Hlawga

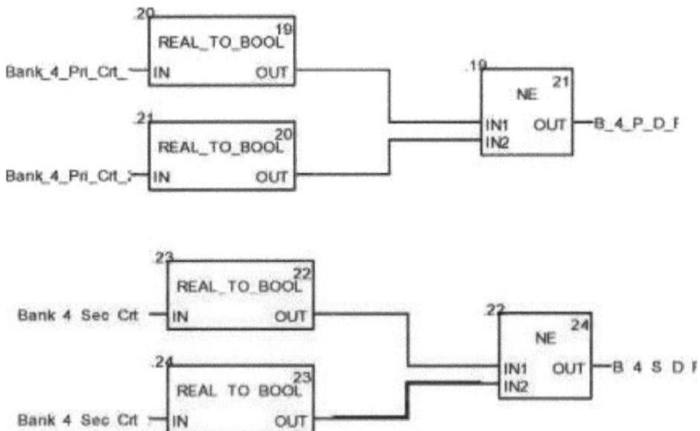

Figura 4.22. Diagrama de blocos funcionais (FBD) para a proteção diferencial do transformador_banco_4; Hlawga

4.4.2.2 Defeito numa só linha

Este diagrama de blocos funcionais (FBD) mostra o esquema de proteção de um defeito de sobreintensidade numa linha única que ocorre no alimentador KyetPhyuKan_33kV. A configuração do relé de sobrecorrente para o alimentador KyetPhyuKan_33kV é 470 A. Esta condição ocorre quando o aumento constante em qualquer fase da corrente do alimentador ultrapassa a sua corrente de configuração. Assim, o relé de sobrecorrente actua quando a corrente de defeito atinge 1,2 vezes a corrente máxima e 0,4 segundos depois. A Figura 4.23. mostra o diagrama de blocos funcional da proteção de sobrecorrente de Linha Simples na Subestação de Hlawga.

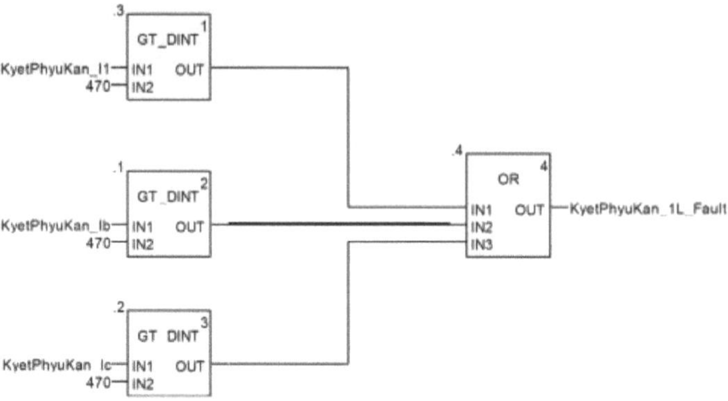

Figura 4.23. Diagrama de blocos funcionais (FBD) para proteção de sobrecorrente de linha única; Hlawga 4.4.2.3 Defeito de linha única à terra

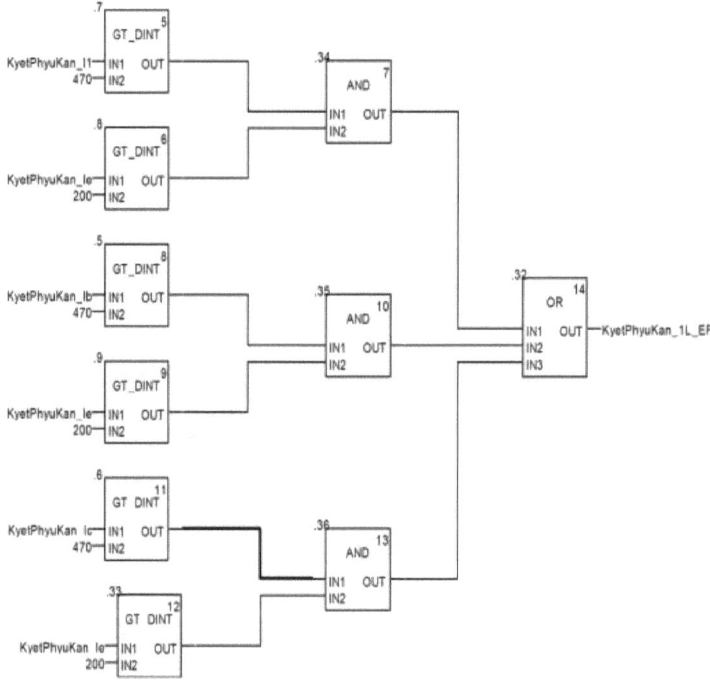

Figura 4.24. Diagrama de blocos funcionais (FBD) para a proteção contra falhas de linha única; Hlawga

A figura 4.24 mostra a proteção contra a falta simples da linha à terra para o alimentador KyetPhyuKan_33kV. O defeito simples linha-terra ocorre quando qualquer uma das correntes trifásicas (Ia, Ib e Ic) e a corrente de neutro ou a corrente de terra excedem a corrente de ajuste do relé devido ao efeito da velocidade do vento, à colocação do ramo da árvore na linha ou a qualquer circunstância inesperada. Assim que a falha ocorre, o disjuntor da parte defeituosa é disparado por meio do relé associado para não danificar nenhum outro equipamento.

4.4.2.4 Defeito linha a linha

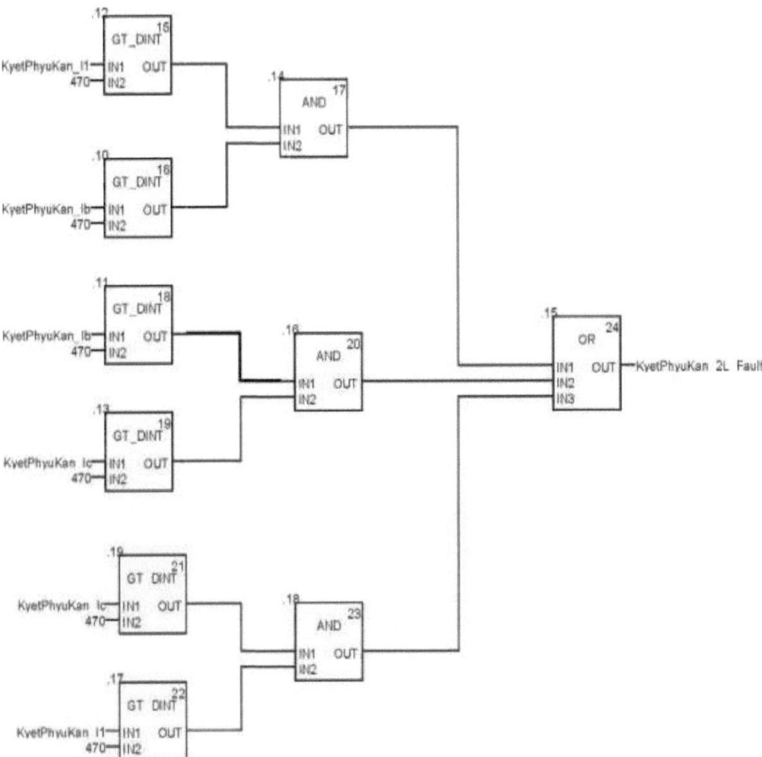

Figura 4.25. Diagrama de blocos funcionais (FBD) para a proteção contra defeitos linha_para_linha; Hlawga

O defeito linha a linha ocorre quando quaisquer duas das correntes trifásicas (Ia & Ib ou Ib & Ic ou Ic & Ia) são excedidas no seu ajuste de corrente do relé. Nesta condição, a corrente de defeito pode ser de quilo Amp e não há tempo para esperar para acionar o relé. Isto pode ser chamado de sobrecorrente instantânea. A Figura 4.25 mostra o diagrama de blocos funcionais para a proteção de defeitos linha a linha na subestação de Hlawga.

4.4.2.5 Defeito duplo da linha à terra

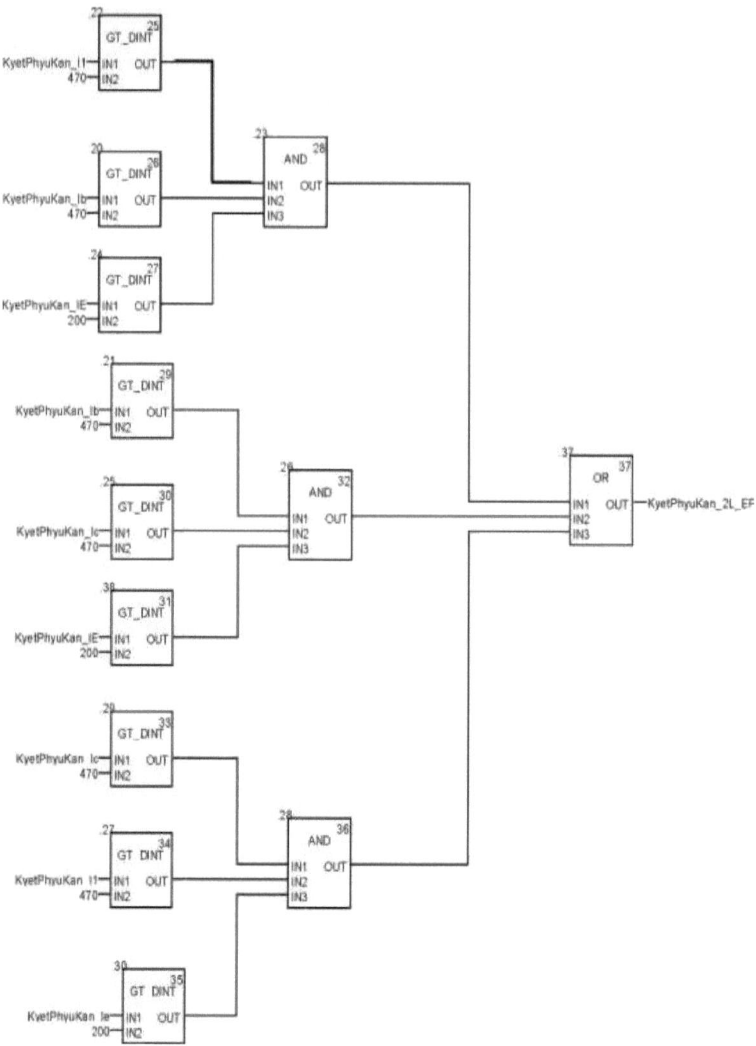

Figura 4.26. Diagrama de blocos funcionais (FBD) para o defeito Double_Line_To_Ground

O defeito duplo linha-terra ocorre quando quaisquer duas das correntes trifásicas (Ia & Ib ou Ib & Ic ou Ic & Ia) ultrapassam as suas correntes de regulação e existe um valor elevado de corrente de neutro. A figura 2.16 mostra o esquema de proteção para o defeito duplo linha-terra em KyetPhyuKan_33kV.

CHAPTER 5

SIMULAÇÃO E RESULTADOS PARA O CENTRO DE CONTROLO REGIONAL

5.1 Configuração do PLC/SCADA

As sequências de operação e controlo da subestação são programadas no Unity Pro XL 8.0 e depois os programas são transferidos para o Modicon M340 (Hardware PLC) através do cabo de programação. Depois disso, o Modicon M340 é ligado ao Vijeo Citect 7.3 (Software SCADA) através da ligação de comunicação Modbus/Ethernet. No Vijeo Citect, são configuradas as páginas gráficas, a página de alarme, a página de tendências e a página de registo.

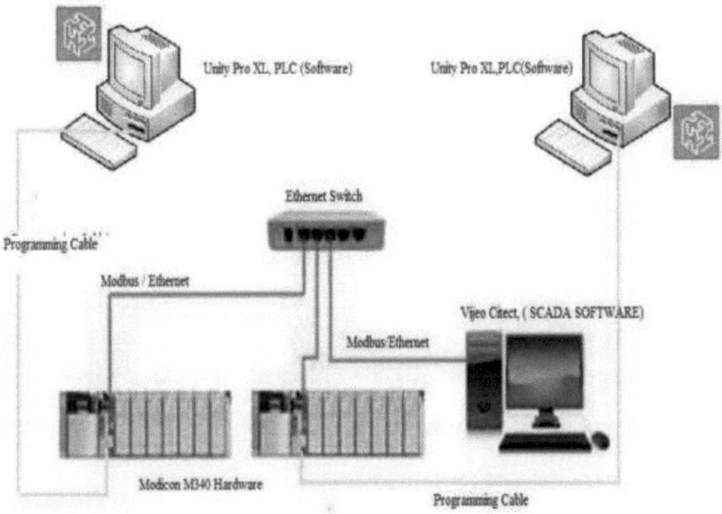

Figura 5.1. Configuração do PLC/SCADA

Figure 5.1. mostra a configuração do PLC/SCADA do Centro de Controlo Regional (CCR). Duas subestações de distribuição de 230kV, Tharkayta e Hlawga, são primeiramente melhoradas para o sistema de automatização das subestações e depois são ligadas ao sistema SCADA. As sequências de funcionamento correspondentes são programadas em cada software e hardware de PLC. Depois disso, estes dois equipamentos PLC são ligados ao sistema SCADA através da ligação de comunicação Modbus Ethernet.

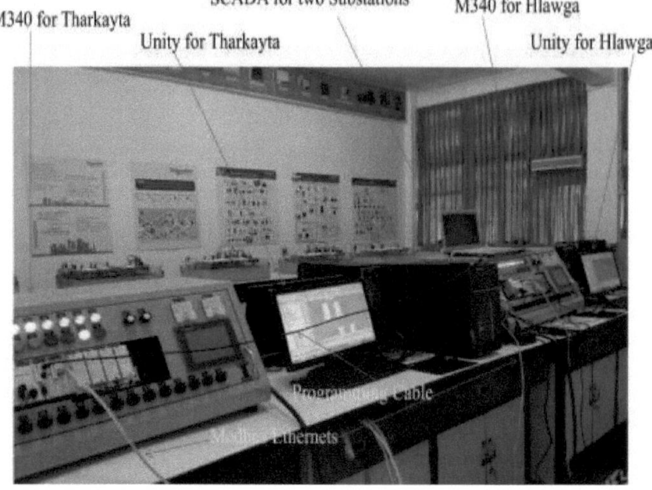

Figure 5.2. mostra a configuração PLC/SCADA no laboratório Schneider de Rangum Universidade Tecnológica, YTU, Myanmar.

Figure 5.3. Configuração do PLC/SCADA no Laboratório Schneider, YTU, Myanmar

5.2 Configuração do PLC no Unity Pro XL 8.0

Existem seis passos na configuração do Unity Pro XL 8.0. São eles

1. Configuração do projeto e seleção das redes de comunicação

3. Endereçamento de etiquetas de variáveis elementares

4. Os processos são programados na Tarefa de Programa.

5. Ligação ao PLC por cabo programável

6. Executar o projeto

6.1.1 Configuração do projeto e seleção das redes de comunicação

Nesta secção, os módulos PLC são configurados. Para a fonte de alimentação CA, o BMX CPS 2000 é o módulo de fonte de alimentação CA padrão. O BMX P34 20102, CPU 340-20 Modbus CANopen2 é utilizado para a comunicação Modbus e o BMX NOE 0100.2, Ethernet 1 Port 10/100 RJ 45 é utilizado para a ligação de comunicação Ethernet. Para as entradas e saídas digitais, são seleccionados o BMX DDI 1602, que é um dissipador digital 16I 24Vdc, e o BMX DRA 1605, que é um relé digital 16Q. Os módulos BMX AMI 0410 e BMX AMO 0210 são seleccionados para as entradas e saídas analógicas. A Figura 5.3. mostra a configuração do projeto PLC no Unity Pro XL.

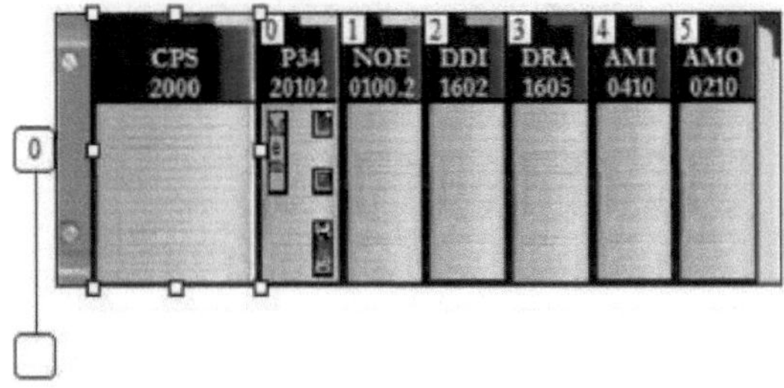

Figura 5.3. Configuração do projeto PLC no Unity Pro XL

6.1.2 Endereçamento de entradas/saídas analógicas e digitais

Em primeiro lugar, as entradas/saídas analógicas e digitais das subestações de distribuição de Tharkayta e Hlawga são abordadas na página de etiquetas variáveis, como indicado no quadro 5.1 e no quadro 5.2.

Quadro 5.1. Endereçamento das entradas/saídas analógicas e digitais da subestação de Tharkayta

em Unity Pro XL

Não.	Nome do interrutor	Nome da etiqueta	Entrada / Saída PLC
1	Alimentação remota 230kV	Fonte_230kV_Suprimento	I0.2.0
2	Quebrador de Hlawga sob comando	H_M_B_ON	I0.2.1
3	Quebrador de Thanlyin ao comando	T_M_B_ON	I0.2.2
4	Comando de alimentação GT	GT_Supply	I0.2.3
5	Banco de transformadores 1 Primário CB	Banco_1_Pri_CB	I0.2.4
6	Banco de transformadores 1 Secundário CB	Banco_1_Sec_CB	I0.2.5
7	Banco de transformadores 2 Primário CB	Banco_2_Pri_CB	I0.2.6
8	Banco de transformadores 2 Secundário CB	Banco_2_Sec_CB	I0.2.7

Não.	Nome do interrutor	Nome da etiqueta	Entrada / Saída PLC
9	66kV Thida - 1 CB	Thida_1_66kV_CB	I0.2.8
10	66kV Thida - 2 CB	Thida_2_66kV_CB	I0.2.9
11	66kV Patheinnyut CB	PTN_66kV_CB	I0.2.10
12	66kV Dagon - CB Sul	D_S_66kV_CB	I0.2.11
13	33kV Patheinnyut CB	PTN_33kV_CB	I0.2.12
14	33kV MyinThawThar CB	MTT_33kV_CB	I0.2.13
15	33kV Dagon - CB Sul	D_S_33kV_CB	I0.2.14
Não.	Nome do interrutor	Nome da etiqueta	Entrada / Saída PLC
16	Fonte de alimentação máxima	Alimentação_máxima	I0.2.15
17	Alimentação eléctrica 230kV	Linha_de_potência_para_230kV	Q0.3.0
18	66 kV Thida_1_ON	Thida_1_66kV_ON	Q0.3.1
19	66 kV Thida_2_ON	Thida_2_66kV_ON	Q0.3.2
20	66 kV Patheinnyut ON	PTN_66kV_ON	Q0.3.3
21	66kV Dagon - Sul ON	D_S_66kV_ON	Q0.3.4
22	33kV Patheinnyut ON	PTN_33kV_ON	Q0.3.5
23	33kVMyinThawThar ON	MTT_33kV_ON	Q0.3.6
24	33kV Dagon - Sul ON	D_S_33kV_ON	Q0.3.7

Tabela 5.2. Endereçamento das Entradas/Saídas Analógicas e Digitais da Subestação de Hlawga no Unity Pro XL

Não.	Nome do interrutor	Nome da etiqueta	Entrada / Saída PLC
1.	230 kV Alimentação remota	Fonte_230kV_Suprimento	%I0.2.0
2	ShweDaung Quebrador sob comando	Shwedaung_ON	%I0.2.1
3	TharYarGone Quebrador ao comando	Terargona_ON	%I0.2.2
4	Tharkata Breaker ao comando	Tharkayta_ON	%I0.2.3

5	Comando de alimentação GT	GT_Supply	%I0.2.4
6	MyanShwePyi Sob Comando	MCP_Suprimento	%I0.2.5
7	Banco de transformadores 1 Primário CB	Banco_1_Pri_CB	%I0.2.6
8	Banco de transformadores 1 Secundário CB	Banco_1_Sec_CB	%I0.2.7
9	Banco de transformadores 4 Primário CB	Banco_4_Pri_CB	%I0.2.8
10	Banco de transformadores 4 Secundário CB	Banco_4_Sec_CB	%I0.2.9
11	33kV HlaingTharYar - 2 CB	HTY_2_33kV_CB	%I0.2.10
12	33kV YwaMa - Ba CB	Ywama_Ba_33kV_CB	%I0.2.11
13	33kV YwaMa - Bb CB	Ywama_Bb_33kV_CB	%I0.2.12
14	33kV CocaCola CB	CocaCola_33kV_CB	%I0.2.13
15	33kV ManYanGone - Aa CB	MYG_Aa_33kV_CB	%I0.2.14
16	33kV ManYanGone - Ab CB	MYG_Ab_33kV_CB	%I0.2.15
Não.	Nome do interrutor	Nome da etiqueta	Entrada / Saída PLC
17	230 kV Alimentação eléctrica	Linha_de_potência_TO_230kv	%Q0.3.0
18	33kV HlaingTharYar ON	HTY_2_33kV_ON	%Q0.3.1
19	33kV Ywama - Ba ON	Ywama_B a_33kV_ON	%Q0.3.2
20	33kV Ywama - Bb ON	Ywama_Bb_33kV_ON	%Q0.3.3
21	33kV CocaCola ON	CocaCola_33kV_ON	%Q0.3.4
22	33kV MaYanGone - Aa ON	MYG_Aa_33kV_ON	%Q0.3.5
23	33 kV MaYanGone - Ab ON	MYG_Ab_33kV_ON	%Q0.3.6

5.2.3 Programas PLC para Operação de Subestação de Distribuição

A.   Ladder Diagram

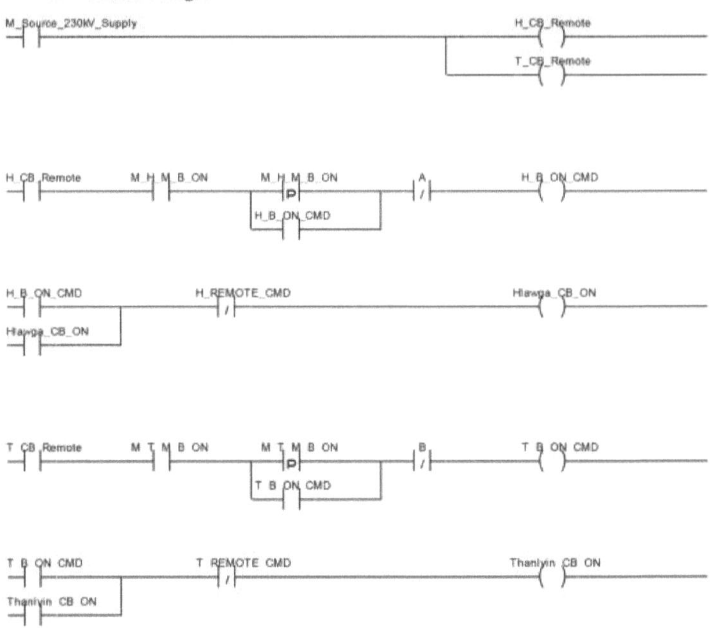

Figura 5.4. Diagrama em escada para o barramento de 230kV da subestação de distribuição de Tharkayta

A sequência de funcionamento do barramento de 230 kV da subestação de distribuição de Tharkayta está programada no diagrama de escada acima. Se houver uma alimentação da área remota de Hlawga (H_CB_Remote) ou Thanlyin (T_CB_Remote), a alimentação de 230kV de entrada é recebida na extremidade de entrada do barramento de 230kV. Se o contacto do disjuntor de Hlawga (M_H_M_B_ON) ou o contacto do disjuntor de Thanlyin (M_T_M_B_ON) estiver ligado, a fonte de 230kV para esta subestação é recebida e depois é reduzida através de transformadores de descida. Quando há uma condição de apagão do sistema, não há necessidade de estar na posição OFF de cada disjuntor, porque o contacto de borda positiva [p] é realizado para o dever da posição OFF assim que o contacto normalmente ON estiver ON. Assim, pode ser mais seguro do que o antigo esquema de controlo. As sequências de funcionamento e controlo da subestação de distribuição de Tharkayta e da subestação de distribuição de Hlawga são programadas passo a passo, pelo que o sistema é mais fiável e seguro do que o antigo. A figura 5.4 mostra o diagrama em escada para o barramento de 230kV da subestação de Tharkayta.

B.   Diagrama de blocos de funções

84

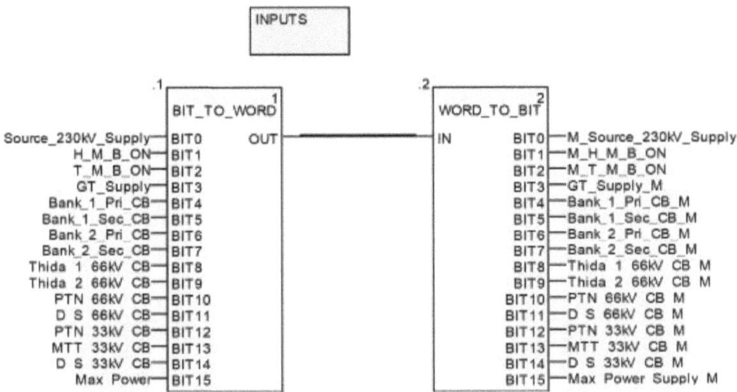

Figura 5.5. Diagrama de blocos funcionais para o módulo de entrada; Tharkayta

É necessário utilizar os bits de memória devido à limitação dos módulos de E/S. O diagrama de blocos funcionais acima mostra o mapeamento dos bits de E/S reais para os bits de E/S de memória. A utilização dos bits de memória pode ajudar a comunicar os endereços do PLC com os endereços SCADA. A figura 5.5 mostra o diagrama de blocos funcionais do módulo de entrada da subestação de Tharkayta.

C.   Teste de estrutura

Na secção de teste da estrutura, são definidas as limitações necessárias de valores como a definição da tensão, a definição da corrente, a definição do relé de sobreintensidade, etc., e depois o Unity Pro XL (software PLC) é ligado ao Modicon M340 (hardware PLC) para executar o projeto. A Figura 5.6. mostra os programas utilizando o teste de estrutura.

```
IF  M_Source_230kV_Supply = 0 THEN

   M_H_M_B_ON :=0 ;

END_IF;

IF  M_Source_230kV_Supply = 0 THEN

   M_T_M_B_ON :=0 ;

END_IF;

IF  M_H_M_B_ON = 0 AND M_T_M_B_ON = 0 THEN

   Power_To_230kV_Line_M :=0 ;

END_IF;

IF M_H_M_B_ON =0 THEN
Hlawga_CB_ON :=0 ;
END_IF;


IF M_T_M_B_ON =0 THEN
Thanlyin_CB_ON :=0 ;
END_IF;
```

Figura 5.6. Programas por teste de estrutura

5.3 Configuração SCADA no Vijeo Citect 7.3

Os passos seguintes são necessários para a configuração do SCADA no Vijeo Citect 7.3.

1.   Criar um novo projeto

2.   Configuração dos servidores de cluster, de alarme, de tendências, de relatórios e de E/S e do endereçamento de rede

3.   Configuração de dispositivos de E/S

4.   Configurar a segurança

5.   Configuração de tipos de equipamento, equipamento e etiquetas variáveis

6.   Desenho de gráfico no Graphic Builder e

7.   Preparação para o tempo de execução

7.1.1 Criação do projeto da subestação de distribuição de Tharkay e Hlawga

O projeto da Subestação de Distribuição de Tharkayta e Hlawga é configurado no Vijeo Citect 7.3 (Software SCADA) e é definido como Projeto H_T_N. A Figura 5.7. mostra a criação do novo projeto da Subestação de Distribuição no Vijeo Citect 7.3.

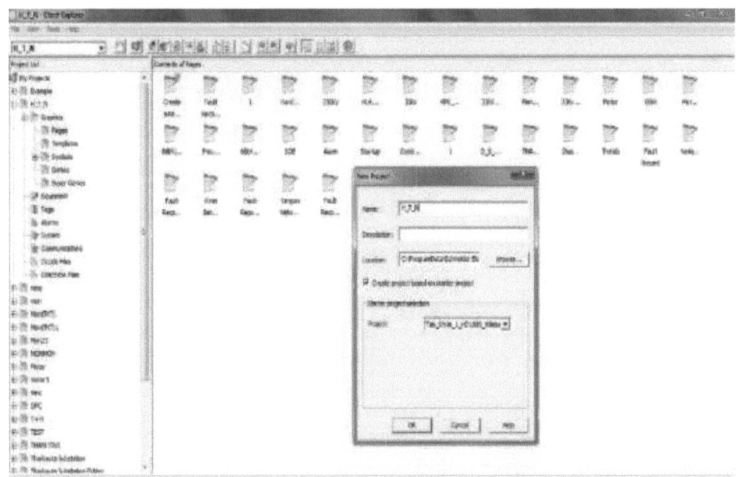

Figura 5.7. Criação de um novo projeto de subestação de distribuição no Vijeo Citect 7.3

7.1.2 Configuração dos servidores de cluster, de alarme, de tendências, de relatórios e de E/S e do endereçamento de rede

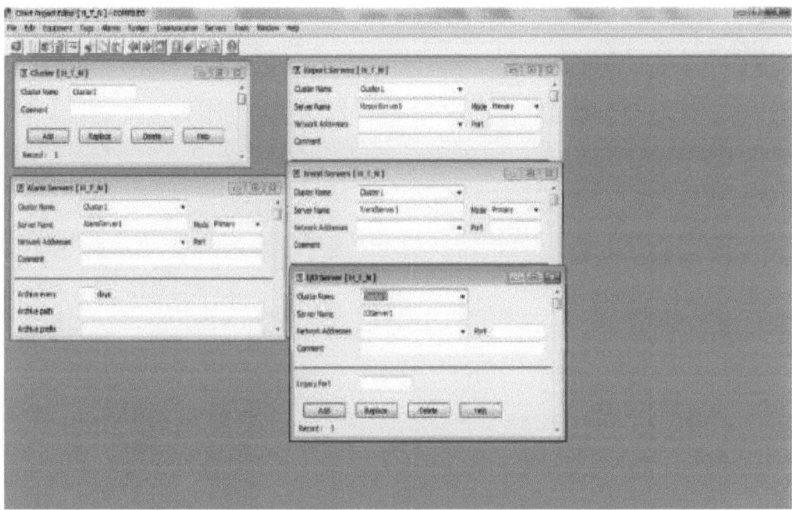

Figura 5.8. Configuração dos servidores de alarmes, tendências, relatórios e E/S

Depois de criar o projeto H_T_N, o servidor de alarmes, o servidor de tendências, o servidor de relatórios e o servidor de E/S são configurados no editor de projectos. A Figura 5.8. mostra a configuração dos servidores de alarme, tendência, relatório e E/S.

5.3.3 Configurar os dispositivos de E/S

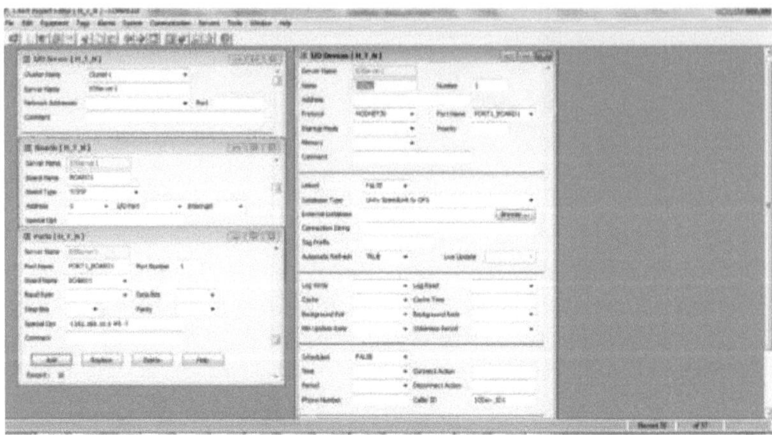

Figura 5.9. Configuração dos dispositivos de E/S

Antes de o projeto apresentar qualquer informação ou controlar qualquer equipamento, deve ser capaz de comunicar com dispositivos externos, o hardware do PLC (Modicon M340). Assim, os dispositivos de E/S para o PLC de Tharkayta e o PLC de Hlawga são configurados passo a passo, como mostra a Figura 5.9.

5.3.4 Configurar a segurança

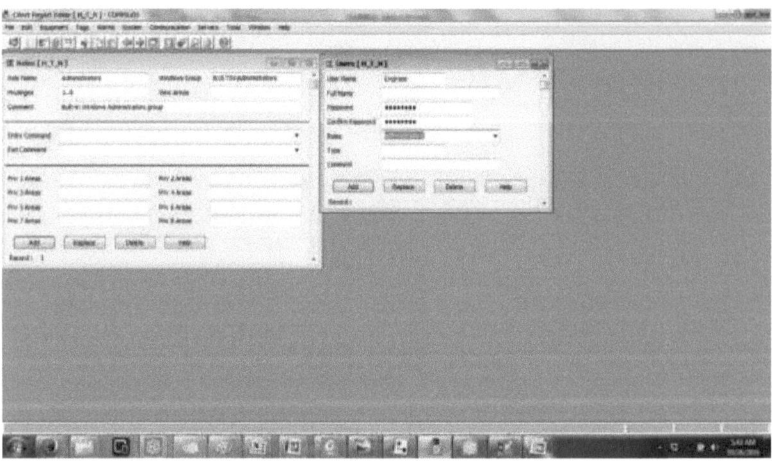

Figura 5.10. Configuração de segurança

Para garantir a segurança do projeto, a segurança do projeto é configurada nesta secção. A Figura 5.10. mostra a configuração da segurança.

5.3.5 Configuração de tipos de equipamento, equipamento e etiquetas variáveis

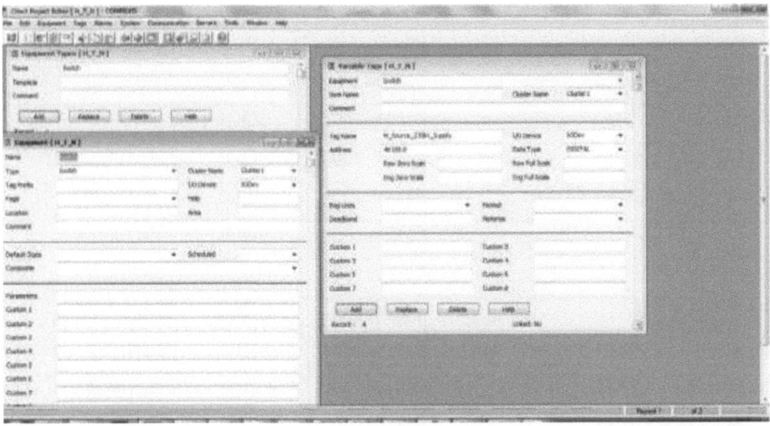

Figura 5.11. Tipos de equipamento, equipamento e configuração de etiquetas variáveis

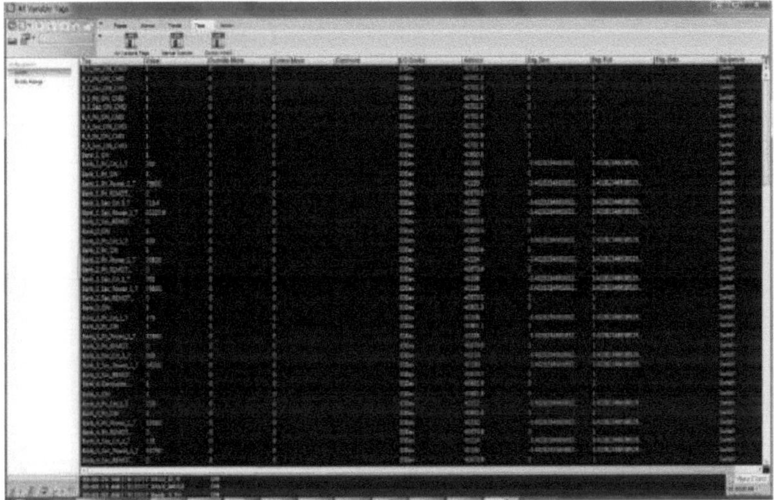

Figura 5.12. Página da etiqueta variável no Vijeo Citect 7.3

A Figura 5.11. mostra a configuração dos tipos de equipamento, equipamento e etiquetas variáveis e a Figura 5.12. mostra a página de etiquetas variáveis no Vijeo Citect 7.3.

Devido à limitação dos módulos de entrada e saída reais, os dispositivos de memória e os endereços de memória são utilizados para a comunicação do Unity Pro XL e do Vijeo Citect 7.3. Assim, o endereçamento das entradas/saídas de memória das subestações de Tharkayta e Hlawga em PLC e SCADA é utilizado como indicado no Quadro 5.3. e no Quadro 5.4.

Tabela 5.3. Endereçamento das entradas/saídas de memória da subestação de Tharkayta em PLC e SCADA

Não	Nomes de interruptores	Endereço no PLC	Tipos de variáveis	Endereço no SCADA
1	Fonte M Alimentação 230kV	%MW100.0	BOOL	40100.0
2	MHMB ON	%MW100.1	BOOL	40100.1
3	MTMB ON	%MW100.2	BOOL	40100.2
4	Fornecimento GT M	%MW100.3	BOOL	40100.3
5	Banco 1PriCBM	%MW100.4	BOOL	40100.4
6	Banco 2PriCBM	%MW100.5	BOOL	40100.5
7	Banco 1 Sec CB M	%MW100.6	BOOL	40100.6
8	Banco 2 Sec CB M	%MW100.7	BOOL	40100.7
9	Thida 1 66kV CB M	%MW100.8	BOOL	40100.8
10	Thida 2 66kV CB M	%MW100.9	BOOL	40100.9
11	PTN 66kV CB M	%MW100.10	BOOL	40100.10
12	D S 66kV CB M	%MW100.11	BOOL	40100.11
13	PTN 33kV CB M	%MW100.12	BOOL	40100.12
14	MTT 33kV CB M	%MW101.13	BOOL	40100.13
15	D S 33kV CB M	%MW100.14	BOOL	40100.14
16	Energia para a linha de 230kV M	%MW400.0	BOOL	40400.0
17	Thida 1 66kV ON M	%MW400.1	BOOL	40400.1
18	Thida 2 66kV ON M	%MW400.2	BOOL	40400.2
19	PTN 66kV ON M	%MW400.3	BOOL	40400.3
20	D S 66kV ON M	%MW400.4	BOOL	40400.4
21	PTN 33kV ON M	%MW400.5	BOOL	40400.5
22	MTT 33kV ON M	%MW400.6	BOOL	40400.6
23	D S 33kV ON M	%MW400.7	BOOL	40400.7
24	Hlawga B ON	%MW800.0	BOOL	40800.0
25	Thanlyin B ON	%MW800.1	BOOL	40800.1
26	Banco 1 Pri ON	%MW800.2	BOOL	40800.2
27	Banco 1 ON	%MW800.3	BOOL	40800.3
28	Banco 2 Pri ON	%MW800.4	BOOL	40800.4
29	Banco 2 ON	%MW800.5	BOOL	40800.5
30	Barramento B 66kV ON	%MW800.6	BOOL	40800.6
31	Barramento 33kV ON	%MW800.7	BOOL	40800.7
32	H CMD REMOTO	%MW670.0	BOOL	40670.0
33	T CMD REMOTO	%MW670.1	BOOL	40670.1
34	Banco 1 Pri REMOTE CMD	%MW670.2	BOOL	40670.2

35	Banco 1 Sec REMOTE CMD	%MW670.3	BOOL	40670.3
36	Banco 2 Pri REMOTE CMD	%MW670.4	BOOL	40670.4
37	Banco_2_Segundo _REMOTE_CMD	%MW670.5	BOOL	40670.5
Não	Nomes de interruptores	Endereço no PLC	Tipos de variáveis	Endereço no SCADA
38	Banco 3 Pri REMOTE CMD	%MW670.6	BOOL	40670.6
39	Banco 3 Sec REMOTE CMD	%MW670.7	BOOL	40670.7
40	Banco 4 Pri REMOTE CMD	%MW670.8	BOOL	40670.8
41	Banco 4 Sec REMOTE CMD	%MW670.9	BOOL	40670.9
42	Banco 5 Pri REMOTE CMD	%MW670.10	BOOL	40670.10
43	Banco 5 Sec REMOTE CMD	%MW670.11	BOOL	40670.11
44	Thida 1 66kV ON CMD	%MW671.0	BOOL	40671.0
45	Thida 2 66kV ON CMD	%MW671.1	BOOL	40671.1
46	PTN 66kV ON CMD	%MW671.2	BOOL	40671.2
47	D S 66kV ON CMD	%MW671.3	BOOL	40671.3
48	KKS 66kV ON CMD	%MW671.4	BOOL	40671.4
49	D E 66kV ON CMD	%MW671.5	BOOL	40671.5
50	SPM 1 66kV ON CMD	%MW671.6	BOOL	40671.6
51	SPM 2 66kV ON CMD	%MW671.7	BOOL	40671.7
52	PTN 33kV ON CMD	%MW671.8	BOOL	40671.8
53	MTT 33kV ON CMD	%MW671.9	BOOL	40671.9
54	D S 33kV ON CMD	%MW671.10	BOOL	40671.1
55	MOGE 33kV ON CMD	%MW671.11	BOOL	40671.12
56	D N 33kV ON CMD	%MW671.12	BOOL	40671.13
57	Thida 1 66kV REMOTE CMD	%MW672.0	BOOL	40672.0
58	Thida 2 66kV REMOTE CMD	%MW672.1	BOOL	40672.1
59	PTN 66kV REMOTE CMD	%MW672.2	BOOL	40672.2
60	D S 66kV REMOTE CMD	%MW672.3	BOOL	40672.3
61	KKS 66kV REMOTE CMD	%MW672.4	BOOL	40672.4
62	D E 66kV REMOTE CMD	%MW672.5	BOOL	40672.5
63	SPM 1 66kV REMOTE CMD	%MW672.6	BOOL	40672.6
64	SPM 2 66kV REMOTE CMD	%MW672.7	BOOL	40672.7
65	PTN 33kV REMOTE CMD	%MW672.8	BOOL	40672.8
66	MTT 33kV REMOTE CMD	%MW672.9	BOOL	40672.9
67	D S 33kV REMOTE CMD	%MW672.10	BOOL	40672.10
68	MOGE 33kV REMOTE CMD	%MW672.11	BOOL	40672.11

69	D N 33kV REMOTE CMD	%MW672.12	BOOL	40672.12
70	H CB Remoto	%MW700.0	BOOL	40700.0
71	T CB Remoto	%MW700.1	BOOL	40700.1
72	HB ON CMD	%MW700.2	BOOL	40700.2
73	TB ON CMD	%MW700.3	BOOL	40700.3
74	Banco 1 Pri CB R	%MW700.4	BOOL	40700.4
75	Banco 2 Pri CB R	%MW700.5	BOOL	40700.5
76	Banco_3_Pri_CB_R	%MW700.6	BOOL	40700.6
Não	Nomes de interruptores	Endereço no PLC	Tipos de variáveis	Endereço no SCADA
77	Banco 4PriCBR	%MW700.7	BOOL	40700.7
78	Banco 5PriCBR	%MW700.8	BOOL	40700.8
79	B 1PriON CMD	%MW701.0	BOOL	40701.0
80	B 1 Sec. ON CMD	%MW701.1	BOOL	40701.1
81	B 2PriON CMD	%MW701.2	BOOL	40701.2
82	B 2 Sec ON CMD	%MW701.3	BOOL	40701.3
83	B 3PriON CMD	%MW701.4	BOOL	40701.4
84	B 3 Sec ON CMD	%MW701.5	BOOL	40701.5
85	B 4PriON CMD	%MW701.6	BOOL	40701.6
86	B 4 Sec ON CMD	%MW701.7	BOOL	40701.7
87	B 5PriON CMD	%MW701.8	BOOL	40701.8
88	B 5 Sec ON CMD	%MW701.9	BOOL	40701.9
89	Banco 3PriCBM	%MW801.0	BOOL	40801.0
90	Banco 3 Pri ON	%MW801.1	BOOL	40801.1
91	Banco 3 Sec CB M	%MW801.2	BOOL	40801.2
92	Banco 3 ON	%MW801.3	BOOL	40801.3
93	Barramento A 66kV ON	%MW801.4	BOOL	40801.4
94	Banco 4PriCBM	%MW801.5	BOOL	40801.5
95	Banco 4 Pri ON	%MW801.6	BOOL	40801.6
96	Banco 4 Sec CB M	%MW801.7	BOOL	40801.7
97	Banco 4 ON	%MW801.8	BOOL	40801.8
98	Banco 4 Condutor 66kV ON	%MW801.9	BOOL	40801.9
99	Banco 5PriCBM	%MW801.10	BOOL	40801.10
100	Banco 5 Pri ON	%MW801.11	BOOL	40801.11
101	Banco 5 Sec CB M	%MW801.12	BOOL	40801.12
102	Banco 5 ON	%MW801.13	BOOL	40801.13

103	Banco 5 Condutor 33kV ON	%MW801.14	BOOL	40801.14
104	Thida 1 66kV OC Falha	%MW802.0	BOOL	40802.0
105	Thida 1 66kV OC EF	%MW802.1	BOOL	40802.1
106	Thida 2 66kV OC Falha	%MW802.2	BOOL	40802.2
107	Thida 2 66kV OC EF	%MW802.3	BOOL	40802.3
108	PTN 66kV OC Falha	%MW802.4	BOOL	40802.4
109	PTN 66kV OC EF	%MW802.5	BOOL	40802.5
110	D S 66kV OC Defeito	%MW802.6	BOOL	40802.6
111	D S 66kV OC EF	%MW802.7	BOOL	40802.7
112	KKS 66kV OC Falha	%MW802.8	BOOL	40802.8
113	KKS 66kV OC EF	%MW802.9	BOOL	40802.9
114	D E 66kV OC Defeito	%MW802.10	BOOL	40802.10
115	D_E_66kV_OC_EF	%MW802.11	BOOL	40802.11
Não	Nomes de interruptores	Endereço no PLC	Tipos de variáveis	Endereço no SCADA
116	SPM 1 66kV OC Falha	%MW802.12	BOOL	40802.12
117	SPM 1 66kV OC EF	%MW802.13	BOOL	40802.13
118	SPM 2 66kV OC Falha	%MW802.14	BOOL	40802.14
119	SPM 2 66kV OC EF	%MW802.15	BOOL	40802.15
120	PTN 33kV OC Falha	%MW803.0	BOOL	40803.0
121	PTN 33kV OC EF	%MW803.1	BOOL	40803.1
122	MTT 33kV OC Falha	%MW803.2	BOOL	40803.2
123	MTT 33kV OC EF	%MW803.3	BOOL	40803.3
124	D S 33kV OC Defeito	%MW803.4	BOOL	40803.4
125	D S 33kV OC EF	%MW803.5	BOOL	40803.5
126	MOGE 33kV OC Falha	%MW803.6	BOOL	40803.6
127	MOGE 33kV OC EF	%MW803.7	BOOL	40803.7
128	D N 33kV OC Defeito	%MW803.8	BOOL	40803.8
129	D N 33kV OC EF	%MW803.9	BOOL	40803.9
130	KKS 66kV CB M	%MW804.0	BOOL	40804.0
131	KKS 66kV ON M	%MW804.1	BOOL	40804.1
132	D E 66kV CB M	%MW804.2	BOOL	40804.2
133	D E 66kV ON M	%MW804.3	BOOL	40804.3
134	SPM 1 66kV CB M	%MW804.4	BOOL	40804.4
135	SPM 1 66kV ON M	%MW804.5	BOOL	40804.5
136	SPM 2 66kV CB M	%MW804.6	BOOL	40804.6

Não	Nomes de interruptores	Endereço no PLC	Tipos de variáveis	Endereço no SCADA
137	SPM 2 66kV ON M	%MW804.7	BOOL	40804.7
138	MOGE 33kV CB M	%MW804.8	BOOL	40804.8
139	MOGE 33kV ON M	%MW804.9	BOOL	40804.9
140	D N 33kV CB M	%MW804.10	BOOL	40804.10
141	D N 33kV ON M	%MW804.11	BOOL	40804.11
142	KKS 66kV ON	%MW804.12	BOOL	40804.12
143	D E 66kV ON	%MW804.13	BOOL	40804.13
144	MOGE 33kV ON	%MW804.14	BOOL	40804.14
145	D N 33kV ON	%MW804.15	BOOL	40804.15
146	Banco 3 Pri CB ON	%MW805.0	BOOL	40805.0
147	Banco 3 Sec CB ON	%MW805.1	BOOL	40805.1
148	Banco 4 Pri CB ON	%MW805.2	BOOL	40805.2
149	Banco 4 Sec CB ON	%MW805.3	BOOL	40805.3
150	Banco 5 Pri CB ON	%MW805.4	BOOL	40805.4
151	Banco 5 Seg CB ON	%MW805.5	BOOL	40805.5
152	D E 66kV CB	%MW805.6	BOOL	40805.6
153	KKS 66kV CB	%MW805.7	BOOL	40805.7
154	SPM_1_66kV_CB	%MW805.8	BOOL	40805.8
Não	Nomes de interruptores	Endereço no PLC	Tipos de variáveis	Endereço no SCADA
155	SPM 2 66kV CB	%MW805.9	BOOL	40805.9
156	MOGE 33kV CB	%MW805.10	BOOL	40805.10
157	D N 33kV CB	%MW805.11	BOOL	40805.11
158	Thida1 Temporizador ligado	%MW806.0	BOOL	40806.0
159	Thida2 Temporizador ligado	%MW806.1	BOOL	40806.1
160	PTN 66kV Temporizador ligado	%MW806.2	BOOL	40806.2
161	D S 66kV Temporizador ligado	%MW806.3	BOOL	40806.3
162	KKS 66kV Temporizador ligado	%MW806.4	BOOL	40806.4
163	D E 66kV Temporizador ligado	%MW806.5	BOOL	40806.5
164	SPM 1 Temporizador ligado	%MW806.6	BOOL	40806.6
165	SPM 2 Temporizador ligado	%MW806.7	BOOL	40806.7
166	PTN 33kV Temporizador ligado	%MW806.8	BOOL	40806.8
167	MTT 33kV Temporizador ligado	%MW806.9	BOOL	40806.9
168	D S 33kV Temporizador ligado	%MW806.10	BOOL	40806.10
169	MOGE 33kV Temporizador ligado	%MW806.11	BOOL	40806.11
170	D N 33kV Temporizador ligado	%MW806.12	BOOL	40806.12

171	Alimentação de Thida 1 66kV	%MW900.0	BOOL	409000.
172	Alimentação de Thida 2 66kV	%MW900.1	BOOL	40900.1
173	Alimentação a PTN 66kV	%MW900.2	BOOL	40900.2
174	Fornecimento para a DS 66kV	%MW900.3	BOOL	40900.3
175	Alimentação a PTN 33kV	%MW900.4	BOOL	40900.4
176	Alimentação do MTT 33kV	%MW900.5	BOOL	40900.5
177	Fornecimento para a DS 33kV	%MW900.6	BOOL	40900.6
178	Alimentação de KKS 66kV	%MW900.7	BOOL	40900.7
179	Fornecimento para a TDE 66kV	%MW900.8	BOOL	40900.8
180	Alimentação da SPM 1 66kV	%MW900.9	BOOL	40900.9
181	Alimentação da SPM 2 66kV	%MW900.10	BOOL	40900.10
182	Alimentação da MOGE 33kV	%MW900.11	BOOL	40900.11
183	Alimentação ToDN 33kV	%MW900.12	BOOL	40900.12
184	Thida 1 Crt	%MW500	REAL	40500
185	Thida 1 Potência	%MW502	REAL	40502
186	Thida 2 Crt	%MW504	REAL	40504
187	Thida 2 Power	%MW506	REAL	40506
188	PTN 66kV Crt	%MW508	REAL	40508
189	PTN 66kV Potência	%MW510	REAL	40510
190	Crt D S 66kV	%MW512	REAL	40512
191	D S 66kV Potência	%MW514	REAL	40514
192	KKS 66kV Crt	%MW516	REAL	40516
193	KKS_66kV_Power	%MW518	REAL	40518
Não	Nomes de interruptores	Endereço no PLC	Tipos de variáveis	Endereço no SCADA
194	D E 66kV Crt	%MW520	REAL	40520
195	D E 66kV Potência	%MW522	REAL	40522
196	SPM 1 66kV Crt	%MW524	REAL	40524
197	SPM 1 66kV Potência	%MW526	REAL	40526
198	SPM 2 66kV Crt	%MW528	REAL	40528
199	SPM 2 66kV Potência	%MW530	REAL	40530
200	PTN 33kV Crt	%MW532	REAL	40532
201	PTN 33kV Potência	%MW534	REAL	40534
202	MTT 33kV Crt	%MW536	REAL	40536
203	Potência MTT 33kV	%MW538	REAL	40538
204	D S 33kV Crt	%MW540	REAL	40540

Não	Nomes de interruptores	Endereço no PLC	Tipos de variáveis	Endereço no SCADA
205	D S 33kV Energia	%MW542	REAL	40542
206	Crt MOGE 33kV	%MW544	REAL	40544
207	MOGE 33kV Potência	%MW546	REAL	40546
208	D N 33kV Crt	%MW548	REAL	40548
209	D N 33kV Potência	%MW550	REAL	40550
210	Gama Thida 1 Crt	%MW600	REAL	40600
211	Conjunto Thida 1 OC	%MW602	REAL	40602
212	Gama Thida 2 Crt	%MW604	REAL	40604
213	Conjunto Thida 2 OC	%MW606	REAL	40606
214	PTN 66kV Crt Gama	%MW608	REAL	40608
215	Conjunto PTN 66kV OC	%MW610	REAL	40610
216	D S 66kV Crt Gama	%MW612	REAL	40612
217	D S Conjunto OC 66kV	%MW614	REAL	40614
218	Gama de crt KKS 66kV	%MW616	REAL	40616
219	Conjunto OC KKS 66kV	%MW618	REAL	40618
220	D E 66kV Crt Gama	%MW620	REAL	40620
221	D E Conjunto OC 66kV	%MW622	REAL	40622
222	SPM 1 66kV Crt Gama	%MW624	REAL	40624
223	SPM 1 66kV OC Set	%MW626	REAL	40626
224	SPM 2 66kV Crt Gama	%MW628	REAL	40628
225	SPM 2 66kV OC Set	%MW630	REAL	40630
226	PTN 33kV Crt Gama	%MW632	REAL	40632
227	Conjunto OC PTN 33kV	%MW634	REAL	40634
228	Gama MTT 33kV Crt	%MW636	REAL	40636
229	Conjunto OC MTT 33kV	%MW638	REAL	40638
230	D S 33kV Crt Gama	%MW640	REAL	40640
231	D S Conjunto OC 33kV	%MW642	REAL	40642
232	MOGE_33kV_Crt_Range	%MW644	REAL	40644
Não	Nomes de interruptores	Endereço no PLC	Tipos de variáveis	Endereço no SCADA
233	Conjunto OC MOGE 33kV	%MW646	REAL	40646
234	D N 33kV Crt Gama	%MW648	REAL	40648
235	D_N_33kV_OC_Set	%MW650	REAL	40650

Tabela 5.4. Endereçamento das entradas/saídas de memória da subestação de Hlawga em PLC e SCADA

Não	Nomes de interruptores	Endereço no PLC	Tipos de variáveis	Endereço no SCADA
1	Fonte M Alimentação 230kV	%MW100.0	BOOL	40100.0
2	M SHD MB ON	%MW100.1	BOOL	40100.1
3	M TYG MB ON	%MW100.2	BOOL	40100.2
4	M TKT MB ON	%MW100.3	BOOL	40100.3
5	Fornecimento GT M	%MW100.4	BOOL	40100.4
6	Alimentação MCP M	%MW100.5	BOOL	40100.5
7	Banco 1PriCBM	%MW100.6	BOOL	40100.6
8	Banco 1 Sec CB M	%MW100.7	BOOL	40100.7
9	Banco 4PriCBM	%MW100.8	BOOL	40100.8
10	Banco 4 Sec CB M	%MW100.9	BOOL	40100.9
11	HTY 2 33kV CB M	%MW100.10	BOOL	40100.10
12	Ywama Ba 33kV CB M	%MW100.11	BOOL	40100.11
13	Ywama Bb 33kV CB M	%MW100.12	BOOL	40100.12
14	CocaCola 33kV CB M	%MW100.13	BOOL	40100.13
15	MYG Aa 33kV CB M	%MW100.14	BOOL	40100.14
16	MYG Ab 33kV CB M	%MW100.15	BOOL	40100.15
17	Energia para a linha de 230kV M	%MW400.0	BOOL	40400.0
18	HTY 2 33kV ON M	%MW400.1	BOOL	40400.1
19	Ywama Ba 33kV ON M	%MW400.2	BOOL	40400.2
20	Ywama Bb 33kV ON M	%MW400.3	BOOL	40400.3
21	CocaCola 33kV ON M	%MW400.4	BOOL	40400.4
22	MYG Aa 33kV ON M	%MW400.5	BOOL	40400.5
23	MYG Ab 33kV CB M	%MW400.6	BOOL	40400.6
24	B 1PriON CMD	%MW670.0	BOOL	40670.0
25	B 1 Sec. ON CMD	%MW670.1	BOOL	40670.1
26	B 2PriON CMD	%MW670.2	BOOL	40670.2
27	B 2 Sec ON CMD	%MW670.3	BOOL	40670.3
28	B 3PriON CMD	%MW670.4	BOOL	40670.4
29	B 3 Sec ON CMD	%MW670.5	BOOL	40670.5
30	B 4PriON CMD	%MW670.6	BOOL	40670.6
31	B_4_Sec_ON_CMD	%MW670.7	BOOL	40670.7
Não	Nomes de interruptores	Endereço no PLC	Tipos de variáveis	Endereço no SCADA
32	HTY 2 33kV ON CMD	%MW670.9	BOOL	40670.8

33	Ywama Ba 33kV ON CMD	%MW670.10	BOOL	40670.9
34	Ywama Bb 33kV ON CMD	%MW670.11	BOOL	40670.10
35	CocaCola 33kV ON CMD	%MW670.12	BOOL	40670.11
36	MYG Aa 33kV ON CMD	%MW670.13	BOOL	40670.12
37	MYG Ab 33kV ON CMD	%MW670.14	BOOL	40670.13
38	U Paing 33kV ON CMD	%MW671.0	BOOL	40671.0
39	ShweLinBan 33kV ON CMD	%MW671.1	BOOL	40671.1
40	Mitsui 33kV ON CMD	%MW671.2	BOOL	40671.2
41	MitsuiNovo CMD de 33kV ON	%MW671.3	BOOL	40671.3
42	KyetPhyuKan 33kV ON CMD	%MW671.4	BOOL	40671.4
43	HTY 1 33kV ON CMD	%MW671.5	BOOL	40671.5
44	KhineKhine 33kV ON CMD	%MW671.6	BOOL	40671.6
45	Myawady 33kV ON CMD	%MW671.7	BOOL	40671.7
46	Hlaegu 33kV ON CMD	%MW671.8	BOOL	40671.8
47	Shwepyithar 33kV ON CMD	%MW671.9	BOOL	40671.9
48	Ahtayu 33kV ON CMD	%MW671.10	BOOL	40671.10
49	Pale 33kV ON CMD	%MW671.11	BOOL	40671.11
50	Milha 14 33kV ON CMD	%MW671.12	BOOL	40671.12
51	SHD CB Remoto	%MW700.0	BOOL	40700.0
52	TYG CB Remoto	%MW700.1	BOOL	40700.1
53	SHD B ON CMD	%MW700.2	BOOL	40700.2
54	TYG B ON CMD	%MW700.3	BOOL	40700.3
55	TKT B ON CMD	%MW700.4	BOOL	40700.4
56	Banco 1 Pri CB R	%MW700.5	BOOL	40700.5
57	Banco 2 Pri CB R	%MW700.6	BOOL	40700.6
58	Banco 3 Pri CB R	%MW700.7	BOOL	40700.7
59	Banco 4 Pri CB R	%MW700.8	BOOL	40700.8
60	SHD CMD REMOTO	%MW701.0	BOOL	40701.0
61	TYG REMOTE CMD	%MW701.1	BOOL	40701.1
62	Banco 1 Pri REMOTE CMD	%MW701.2	BOOL	40701.2
63	Banco 1 Sec REMOTE CMD	%MW701.3	BOOL	40701.3
64	Banco 2 Pri REMOTE CMD	%MW701.4	BOOL	40701.4
65	Banco 2 Sec REMOTE CMD	%MW701.5	BOOL	40701.5
66	Banco 3 Pri REMOTE CMD	%MW701.6	BOOL	40701.6
67	Banco 3 Sec REMOTE CMD	%MW701.7	BOOL	40701.7

Não	Nomes de interruptores	Endereço no PLC	Tipos de variáveis	Endereço no SCADA
68	Banco 4 Pri REMOTE CMD	%MW701.8	BOOL	40701.8
69	Banco 4 Sec REMOTE CMD	%MW701.9	BOOL	40701.9
70	HTY_2_33kV_REMOTE_CMD	%MW701.10	BOOL	40701.10
Não	Nomes de interruptores	Endereço no PLC	Tipos de variáveis	Endereço no SCADA
71	Ywama Ba 33kV REMOTE CMD	%MW701.11	BOOL	40701.11
72	Ywama Bb 33kV REMOTE CMD	%MW701.12	BOOL	40701.12
73	Coca-Cola 33kV REMOTE CMD	%MW701.13	BOOL	40701.13
74	MYG Aa 33kV REMOTE CMD	%MW701.14	BOOL	40701.14
75	MYG Ab 33kV REMOTE CMD	%MW701.15	BOOL	40701.15
76	SHD B ON	%MW800.0	BOOL	40800.0
77	TYG B ON	%MW800.1	BOOL	40800.1
78	THARKAYTA	%MW800.2	BOOL	40800.2
79	Banco 1 Pri ON	%MW800.3	BOOL	40800.3
80	Banco 1 ON	%MW800.4	BOOL	40800.4
81	Banco 4 Pri ON	%MW800.5	BOOL	40800.5
82	Banco 4 ON	%MW800.6	BOOL	40800.6
83	Barramento B 33kV ON	%MW800.7	BOOL	40800.7
84	Barramento B 33kV ON	%MW800.8	BOOL	40800.8
85	Barramento 33kV ON	%MW800.9	BOOL	40800.9
86	Banco 2PriCBM	%MW801.0	BOOL	40801.0
87	Banco 2 Pri ON	%MW801.1	BOOL	40801.1
88	Banco 2 Sec CB M	%MW801.2	BOOL	40801.2
89	Banco 2 ON	%MW801.3	BOOL	40801.3
90	Barramento B 33kV ON	%MW801.4	BOOL	40801.4
91	Banco 3PriCBM	%MW801.5	BOOL	40801.5
92	Banco 3 Pri ON	%MW801.6	BOOL	40801.6
93	Banco 3 Sec CB M	%MW801.7	BOOL	40801.7
94	Banco 3 ON	%MW801.8	BOOL	40801.8
95	Barramento A 33kV ON	%MW801.9	BOOL	40801.9
96	Barramento 66kV ON	%MW801.10	BOOL	40801.10
97	Banco 2 Pri CB ON	%MW801.11	BOOL	40801.11
98	Banco 2 Sec CB ON	%MW801.12	BOOL	40801.12
99	Banco 3 Pri CB ON	%MW801.13	BOOL	40801.13
100	Banco 3 Sec CB ON	%MW801.14	BOOL	40801.14
101	HTY 2 OC Defeito	%MW802.0	BOOL	40802.0

102	HTY 2 OC EF	%MW802.1	BOOL	40802.1
103	Falha de Ywama Ba OC	%MW802.2	BOOL	40802.2
104	Ywama Ba OC EF	%MW802.3	BOOL	40802.3
105	Ywama Bb OC Falha	%MW802.4	BOOL	40802.4
106	Ywama Bb OC EF	%MW802.5	BOOL	40802.5
107	CocaCola OC Fault	%MW802.6	BOOL	40802.6
108	CocaCola OC EF	%MW802.7	BOOL	40802.7
109	MYG_Aa_OC_Fault	%MW802.8	BOOL	40802.8
Não	Nomes de interruptores	Endereço no PLC	Tipos de variáveis	Endereço no SCADA
110	MYG Aa OC EF	%MW802.9	BOOL	40802.9
111	MYG Ab OC Fault	%MW802.10	BOOL	40802.10
112	MYG Ab OC EF	%MW802.11	BOOL	40802.11
113	U Paing OC Falha	%MW802.12	BOOL	40802.12
114	U Paing OC EF	%MW802.13	BOOL	40802.13
115	ShweLinBan OC Falha	%MW802.14	BOOL	40802.14
116	ShweLinBan OC EF	%MW802.15	BOOL	40802.15
117	Falha de OC da Mitsui	%MW803.0	BOOL	40803.0
118	Mitsui OC EF	%MW803.1	BOOL	40803.1
119	MitsuiNova falha de OC	%MW803.2	BOOL	40803.2
120	MitsuiNovo OCEF	%MW803.3	BOOL	40803.3
121	KyetPhyuKan OC Falha	%MW803.4	BOOL	40803.4
122	KyetPhyuKan OCEF	%MW803.5	BOOL	40803.5
123	HTY 1 OC Defeito	%MW803.6	BOOL	40803.6
124	HTY 1 OC EF	%MW803.7	BOOL	40803.7
125	KhineKhine OC Falha	%MW803.8	BOOL	40803.8
126	KhineKhine OC EF	%MW803.9	BOOL	40803.9
127	Falha de Myawady OC	%MW803.10	BOOL	40803.10
128	Myawady OC EF	%MW803.11	BOOL	40803.11
129	Falha de Hlaegu OC	%MW803.12	BOOL	40803.12
130	Hlaegu OC EF	%MW803.13	BOOL	40803.13
131	Falha de OC de Shwepyithar	%MW803.14	BOOL	40803.14
132	Shwepyithar OC EF	%MW803.15	BOOL	40803.15
133	U Paing 33kV CB M	%MW804.0	BOOL	40804.0
134	ShweLinBan 33kV CB M	%MW804.1	BOOL	40804.1
135	Mitsui 33kV CB M	%MW804.2	BOOL	40804.2

136	MitsuiNovo CB 33kV M	%MW804.3	BOOL	40804.3
137	KyetPhyuKan 33kV CB M	%MW804.4	BOOL	40804.4
138	HTY 1 33kV CB M	%MW804.5	BOOL	40804.5
139	KhineKhine 33kV CB M	%MW804.6	BOOL	40804.6
140	Myawady 33kV CB M	%MW804.7	BOOL	40804.7
141	Hlaegu 33kV CB M	%MW804.8	BOOL	40804.8
142	Shwepyithar 33kV CB M	%MW804.9	BOOL	40804.9
143	Ahtayu 33kV CB M	%MW804.10	BOOL	40804.10
144	Pálido 33kV CB M	%MW804.11	BOOL	40804.11
145	Milha 14 33kV CB M	%MW804.12	BOOL	40804.12
146	U Paing 33kV CB	%MW805.0	BOOL	40805.0
147	ShweLinBan 33kV CB	%MW805.1	BOOL	40805.1
148	Mitsui_33kV_CB	%MW805.2	BOOL	40805.2
Não	Nomes de interruptores	Endereço no PLC	Tipos de variáveis	Endereço no SCADA
149	MitsuiNovo CB 33kV	%MW805.3	BOOL	40805.3
150	KyetPhyuKan 33kV CB	%MW805.4	BOOL	40805.4
151	HTY 1 33kV CB	%MW805.5	BOOL	40805.5
152	KhineKhine 33kV CB	%MW805.6	BOOL	40805.6
153	Myawady 33kV CB	%MW805.7	BOOL	40805.7
154	Hlaegu 33kV CB	%MW805.8	BOOL	40805.8
155	Shwepyithar 33kV CB	%MW805.9	BOOL	40805.9
156	Ahtayu 33kV CB	%MW805.10	BOOL	40805.10
157	Pale 33kV ON CB	%MW805.11	BOOL	40806.11
158	Milha 14 33kV CB	%MW805.12	BOOL	40806.12
159	Falha de Ahtayu OC	%MW807.0	BOOL	40807
160	Ahtayu OC EF	%MW807.1	BOOL	40807.1
161	Falha de OC pálida	%MW807.2	BOOL	40807.2
162	Pálido OC EF	%MW807.3	BOOL	40807.3
163	Milha 14ª Falha OC	%MW807.4	BOOL	40807.4
164	Milha 14 OC EF	%MW807.5	BOOL	40807.5
165	Fornecimento de ToU Paing	%MW900.0	BOOL	40900.0
166	Fornecimento a ShweLinBan	%MW900.1	BOOL	40900.1
167	Fornecimento à Mitsui	%MW900.2	BOOL	40900.2
168	Fornecimento à MitsuiNovo	%MW900.3	BOOL	40900.3
169	Fornecimento a KyetPhyuKan	%MW900.4	BOOL	40900.4

Não	Nomes de interruptores	Endereço no PLC	Tipos de variáveis	Endereço no SCADA
170	Alimentação para HTY 1	%MW900.5	BOOL	40900.5
171	Fornecimento a KhineKhine	%MW900.6	BOOL	40900.6
172	Fornecimento a Myawady	%MW900.7	BOOL	40900.7
173	Fornecimento a Hlaegu	%MW900.8	BOOL	40900.8
174	Fornecimento a Shwepyithar	%MW900.9	BOOL	40900.9
175	Fornecimento a Ahtayu	%MW900.10	BOOL	40900.1.0
176	Fornecimento para Pale	%MW900.11	BOOL	40900.11
177	Abastecimento até à milha 14	%MW900.12	BOOL	40900.12
178	Alimentação para HTY 2	%MW901.0	BOOL	40901.0
179	Fornecimento a Ywama Ba	%MW901.1	BOOL	40901.1
180	Fornecimento a Ywama Bb	%MW901.2	BOOL	40901.2
181	Fornecimento à CocaCola	%MW901.3	BOOL	40901.3
182	Fornecimento para MYG Aa	%MW901.4	BOOL	40901.4
183	Fornecimento à MYG Ab	%MW901.5	BOOL	40901.5
184	U Paing Crt	%MW500	REAL	40500
185	U Paing Power	%MW502	REAL	40502
186	Rua ShweLinBan	%MW504	REAL	40504
187	ShweLinBan_Power	%MW506	REAL	40506
Não	Nomes de interruptores	Endereço no PLC	Tipos de variáveis	Endereço no SCADA
188	Mitsui Crt	%MW508	REAL	40508
189	Mitsui Power	%MW510	REAL	40510
190	MitsuiNew Crt	%MW512	REAL	40512
191	MitsuiNova energia	%MW514	REAL	40514
192	Crt KyetPhyuKan	%MW516	REAL	40516
193	KyetPhyuKan Power	%MW518	REAL	40518
194	HTY 1 Crt	%MW520	REAL	40520
195	HTY 1 Potência	%MW522	REAL	40522
196	KhineKhine 66kV Crt	%MW524	REAL	40524
197	KhineKhine Power	%MW526	REAL	40526
198	Myawady Crt	%MW528	REAL	40528
199	Energia de Myawady	%MW530	REAL	40530
200	Hlaegu Crt	%MW532	REAL	40532
201	Energia Hlaegu	%MW534	REAL	40534
202	Crt. de Shwepyithar	%MW536	REAL	40536
203	Poder de Shwepyithar	%MW538	REAL	40538

204	Ahtayu Crt	%MW540	REAL	40540
205	Energia Ahtayu	%MW542	REAL	40542
206	Pale Crt	%MW544	REAL	40544
207	Poder Pálido	%MW546	REAL	40546
208	Mile 14th Crt	%MW548	REAL	40548
209	Milha 14 Potência	%MW550	REAL	40550
210	HTY 2 Crt	%MW552	REAL	40552
211	HTY 2 Potência	%MW554	REAL	40554
212	Ywama Ba Crt	%MW556	REAL	40556
213	Ywama Ba Power	%MW558	REAL	40558
214	Ywama Bb Crt	%MW560	REAL	40560
215	Ywama Bb Power	%MW562	REAL	40562
216	CocaCola Crt	%MW564	REAL	40564
217	CocaCola Power	%MW566	REAL	40566
218	MYG Aa Crt	%MW568	REAL	40568
219	MYG Aa Power	%MW570	REAL	40570
220	MYG Ab Crt	%MW572	REAL	40572
221	MYG Ab Power	%MW574	REAL	40574
222	Gama HTY 2 Crt	%MW576	REAL	40576
223	Conjunto HTY 2 OC	%MW578	REAL	40578
224	Gama Ywama Ba Crt	%MW580	REAL	40580
225	Conjunto Ywama Ba OC	%MW582	REAL	40582
226	Ywama_Bb_Crt_Range	%MW584	REAL	40584
Não	Nomes de interruptores	Endereço no PLC	Tipos de variáveis	Endereço no SCADA
227	Conjunto Ywama Bb OC	%MW586	REAL	40586
228	Gama CocaCola Crt	%MW588	REAL	40588
229	Conjunto CocaCola OC	%MW590	REAL	40590
230	MYG Aa Crt Gama	%MW592	REAL	40592
231	Conjunto MYG Aa OC	%MW594	REAL	40594
232	MYG Ab Crt Gama	%MW596	REAL	40596
233	Conjunto MYG Ab OC	%MW598	REAL	40598
234	Gama U Paing Crt	%MW600	REAL	40600
235	Conjunto U Paing OC	%MW602	REAL	40602
236	Gama ShweLinBan Crt	%MW604	REAL	40604
237	Conjunto OC ShweLinBan	%MW606	REAL	40606

238	Gama Mitsui Crt	%MW608	REAL	40608
239	Conjunto Mitsui OC	%MW610	REAL	40610
240	MitsuiNova Gama Crt	%MW612	REAL	40612
241	MitsuiNovo conjunto de OC	%MW614	REAL	40614
242	Gama KyetPhyuKan Crt	%MW616	REAL	40616
243	Conjunto OC KyetPhyuKan	%MW618	REAL	40618
244	Gama HTY 1 Crt	%MW620	REAL	40620
245	HTY 1 Conjunto OC	%MW622	REAL	40622
246	Gama KhineKhine Crt	%MW624	REAL	40624
247	Conjunto KhineKhine OC	%MW626	REAL	40626
248	Gama Myawady Crt	%MW628	REAL	40628
249	Conjunto de CO de Myawady	%MW630	REAL	40630
250	Gama Hlaegu Crt	%MW632	REAL	40632
251	Conjunto Hlaegu OC	%MW634	REAL	40634
252	Gama Shwepyithar Crt	%MW636	REAL	40636
253	Conjunto OC Shwepyithar	%MW638	REAL	40638
254	Gama Ahtayu Crt	%MW640	REAL	40640
255	Conjunto Ahtayu OC	%MW642	REAL	40642
256	Gama Pale Crt	%MW644	REAL	40644
257	Conjunto Pale OC	%MW646	REAL	40646
258	Milha 14 Crt Alcance	%MW648	REAL	40648
259	Conjunto_milha_14_OC	%MW650	REAL	40650

5.4. Simulação e resultados do Centro de Controlo Regional

A figura 5.13 mostra a vista geral do Centro de Controlo Regional, onde se podem ver oito números de subestações de distribuição de 230 kV e a rede de distribuição de 66 kV de Tharkata e Hlawga. O centro de controlo regional está localizado na subestação de 230kV

Subestação de distribuição de Ahlone. O círculo vermelho refere-se à subestação de distribuição de 230kV, os círculos verdes referem-se à subestação de distribuição de 66 kV, as linhas vermelhas representam as linhas de 230kV e as linhas verdes as linhas de 66kV. Através das páginas gráficas do SCADA, o estado do sistema pode ser visto facilmente e em tempo útil.

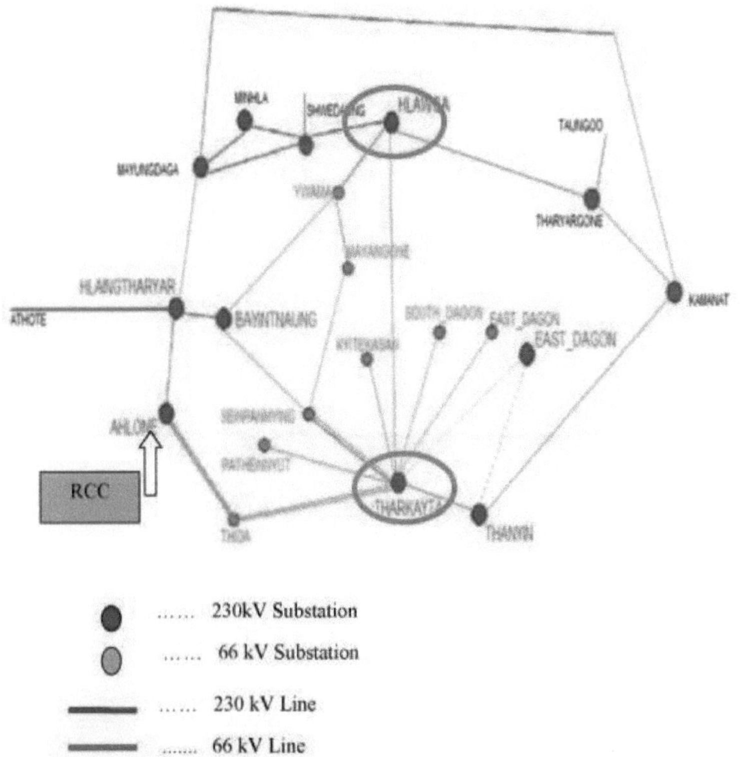

Figure 5.13.   Visão geral do Centro de Controlo Regional

Figure 5.14.   mostra a página de síntese da subestação de distribuição de Tharkayta em estado normal e a Figura 5.14 mostra a descrição pormenorizada da Figura 5.15. A figura 5.14 mostra a descrição pormenorizada da figura 5.15. Pode ver-se facilmente que todos os bancos e alimentadores estão em condições normais, observando a posição dos disjuntores. Se houver uma alteração súbita do sistema, os engenheiros de operação podem conhecer o estado através da visualização dos valores das correntes, tensões e potência em cada linha ao longo do tempo.

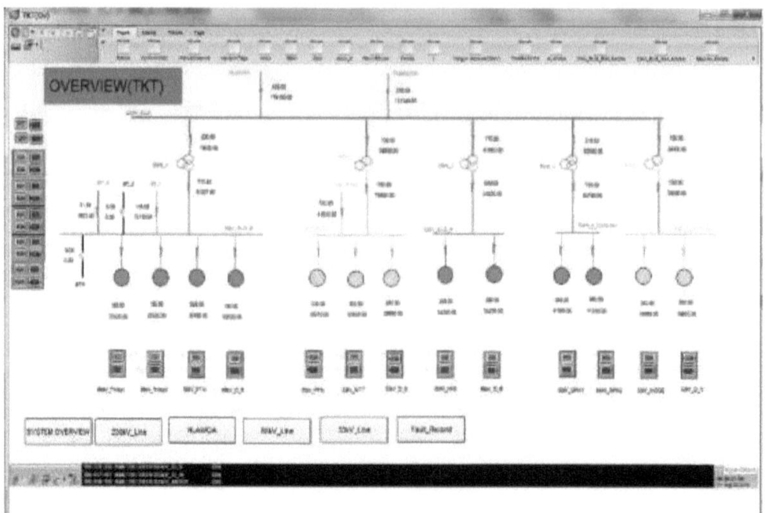

Figura 5.14. Página de visão geral da subestação de distribuição de Tharkayta

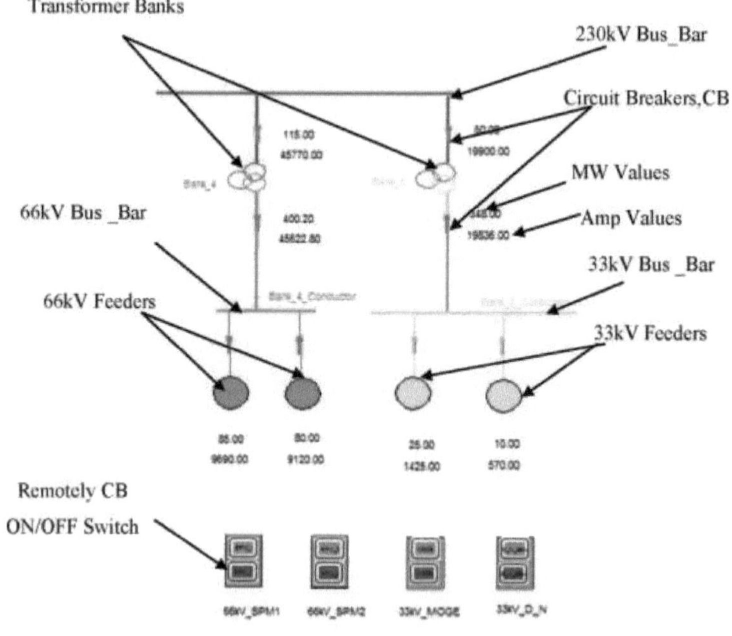

A figura 5.16 mostra também a página de síntese da subestação de distribuição de Hlawga. Nesta página, pode ver-se que há duas linhas de entrada de 230kV, TharYarGone e ShweDaung, e uma linha de saída de 230kV, Tharkayta. Além disso, há dezoito números de alimentadores de 33kV e um alimentador de 66kV, quer estejam em condições normais ou

106

não, no ecrã do operador.

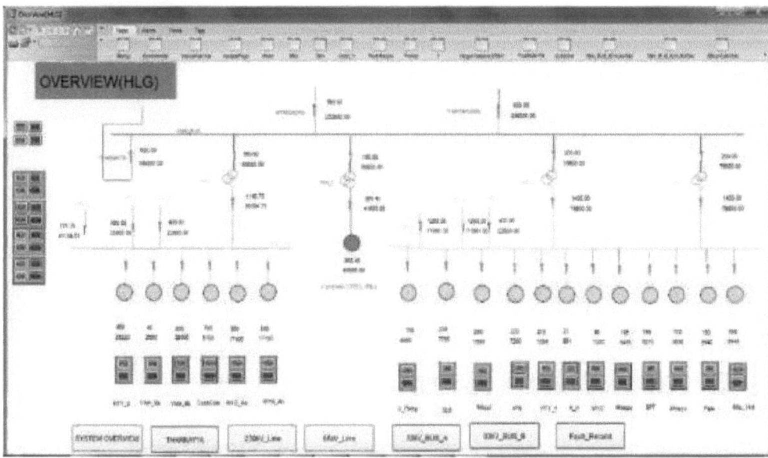

Figura5.16. Página de visão geral da subestação de distribuição de Hlawga

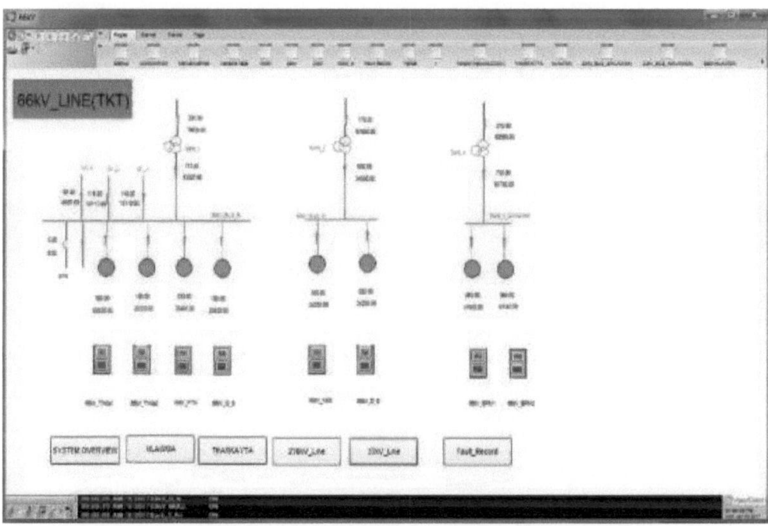

Figura 5.17. Página de 66 kV da subestação de distribuição de Tharkayta

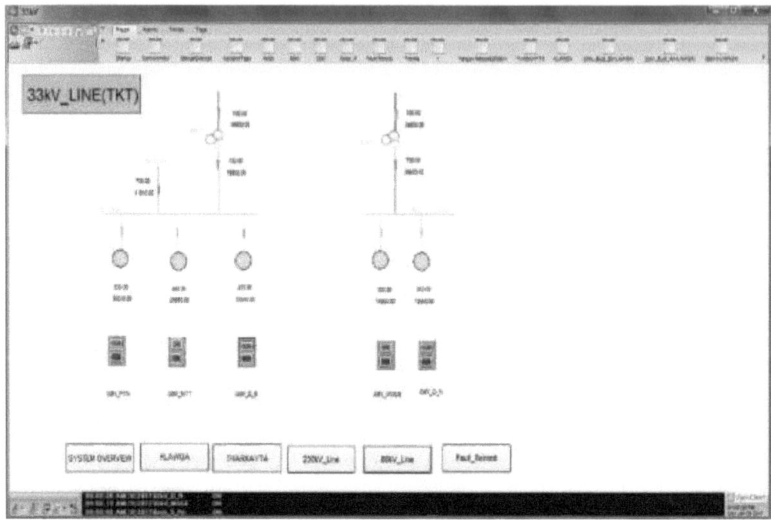

Figura 5.18. Página de 33 kV da subestação de distribuição de Tharkayta

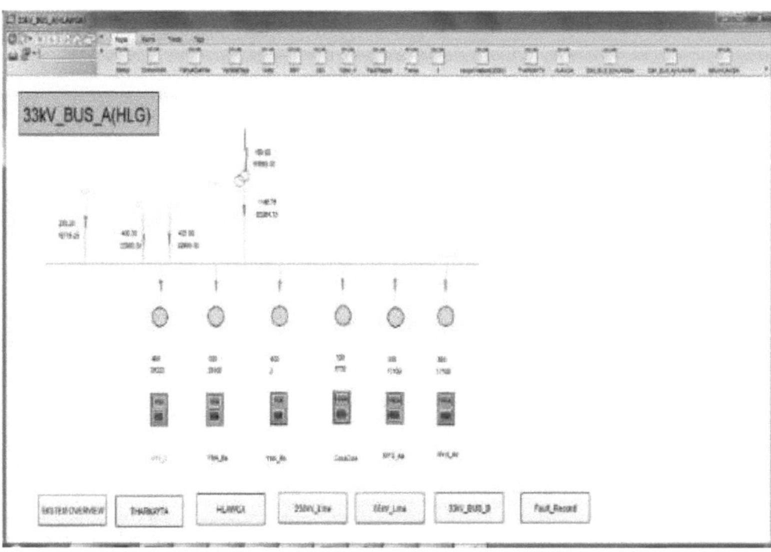

Figura5.19. Página de 33kV da subestação de distribuição de Hlawga

As figuras 5.17, 5.18 e 5.19 são as páginas gráficas da página de 66 kV e da página de 33 kV das subestações de distribuição de Tharkayta e Hlawga. Utilizando o sistema SCADA, as condições do sistema podem ser vistas facilmente.

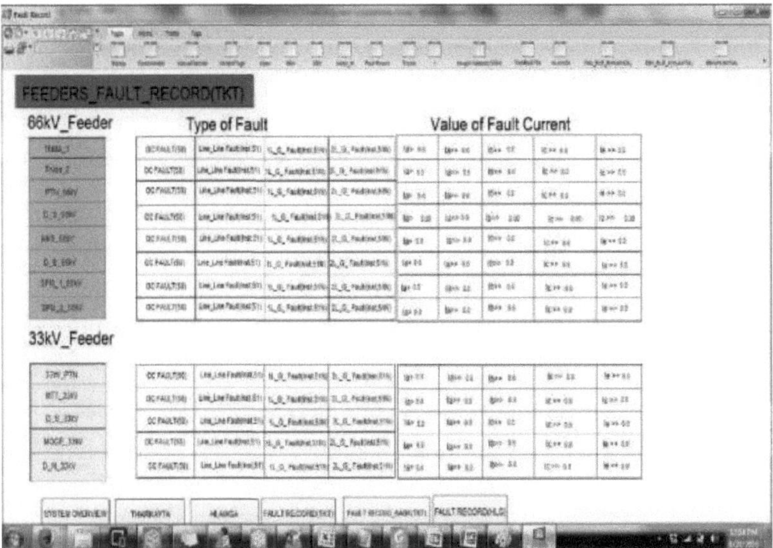

Figura 5.20. Página de registo de avarias dos alimentadores de Tharkayta

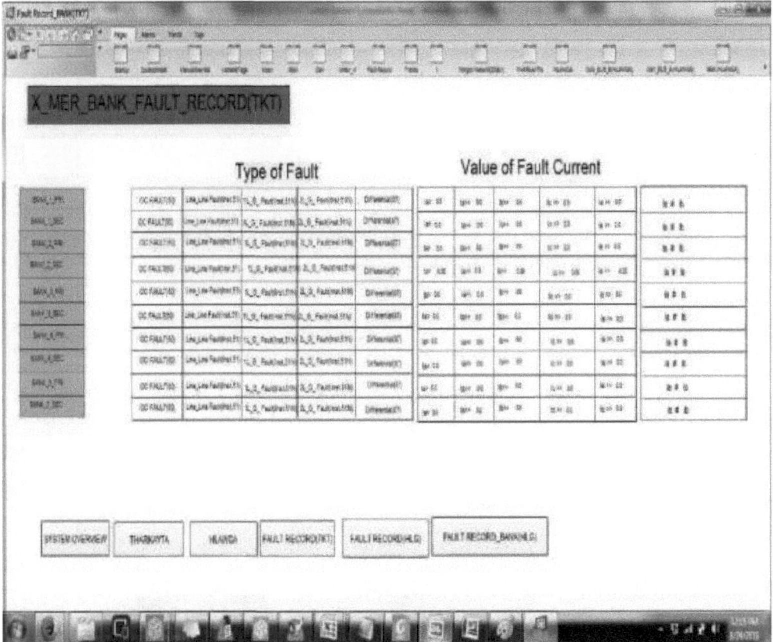

Figura 5.21. Registo de falhas para bancos de transformadores de Tharkayta

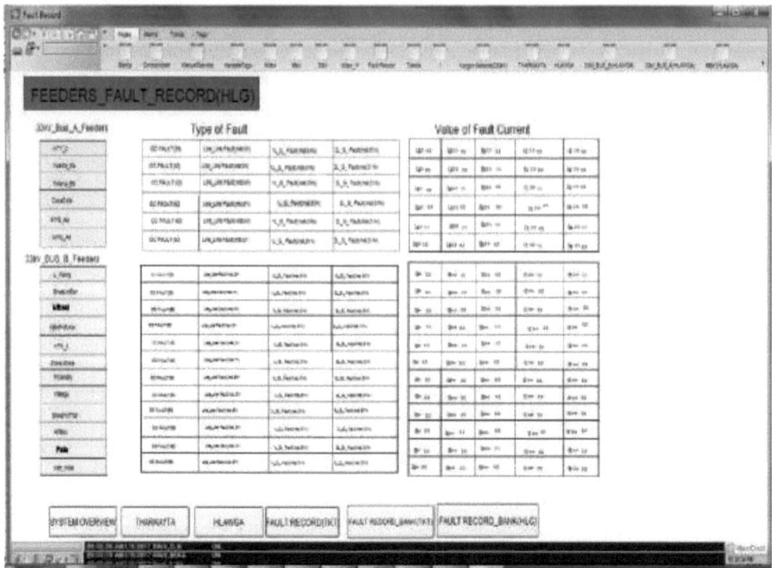

Figura 5.22. Registo de falhas nos alimentadores de Hlawga

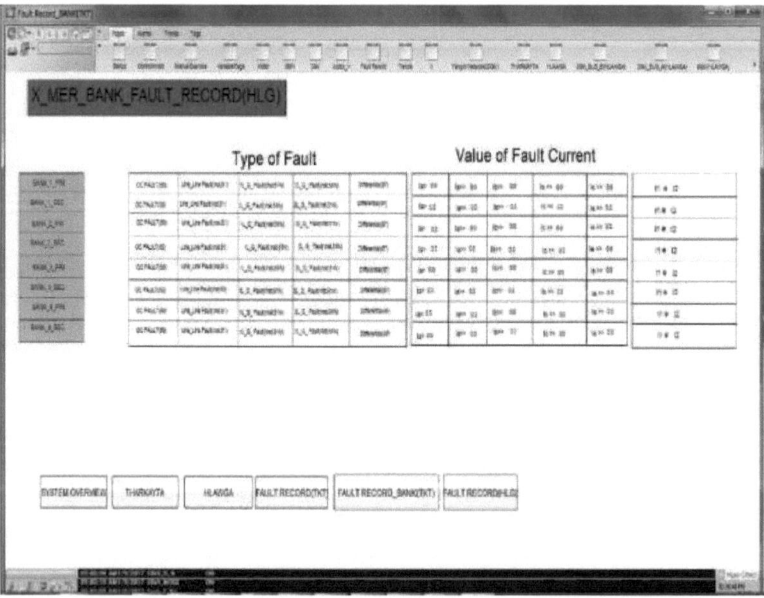

Figura 5.23. Registo de falhas para bancos de transformadores de Hlawga

Quando um dos alimentadores ou linhas é disparado por um determinado defeito, o tipo de defeitos e os valores da corrente de defeito são registados na página de registo de defeitos. As figuras 5.20, 5.21, 5.22 e 5.23 são as páginas de registo de defeitos para os alimentadores e

110

bancos de transformadores de duas subestações.

5.5 Consideração da condição de falha

Existem muitos tipos de condições de falha na subestação. Entre elas, as condições em que

1. Falha de linha única,

2. Falha de linha única para terra,

3. Falha de linha a linha,

4. Linha dupla para falha de terra e

5. A proteção diferencial para bancos de transformadores é considerada nesta tese.

6. 5.1 KyetPhyuKan, 33kV Feeder of Hlawga Distribution Substation Under Fault

Estado

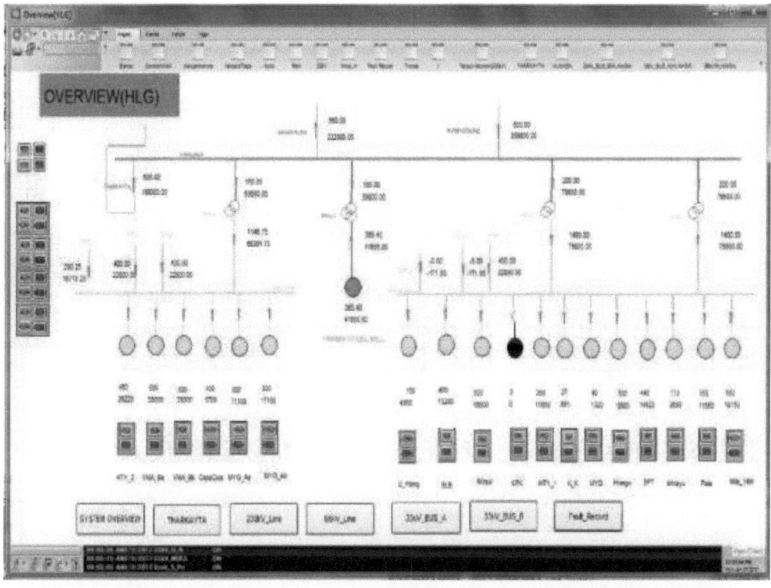

Figura 5.24. 33 kV, Alimentador KyetPhyuKan de Hlawga em situação de defeito

A figura 5.24 mostra o estado em que o alimentador de 33kV KyetPhyuKan de Hlawga está em falta. A causa e os tipos de falha podem ser vistos na página de registo de falhas.

5.5.2 Condição de falha de linha única

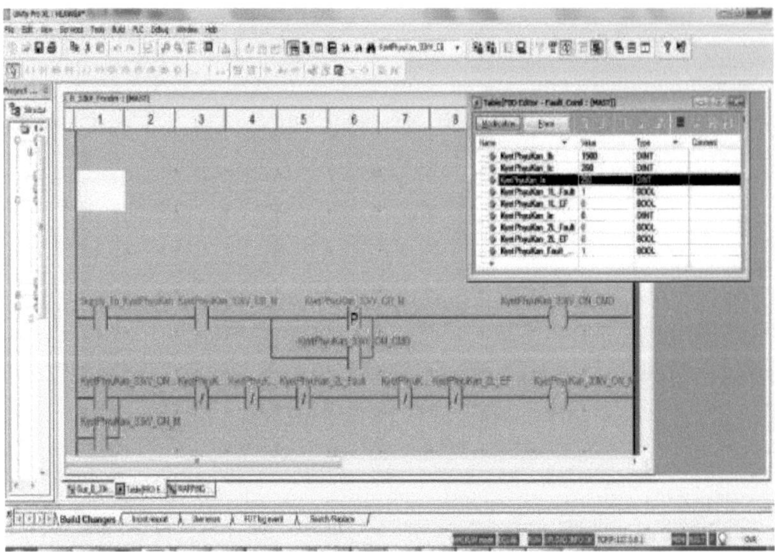

Figura 5.25. 33kV KyetPhyuKan, Hlawga sob defeito de linha única (Unity Pro XL)

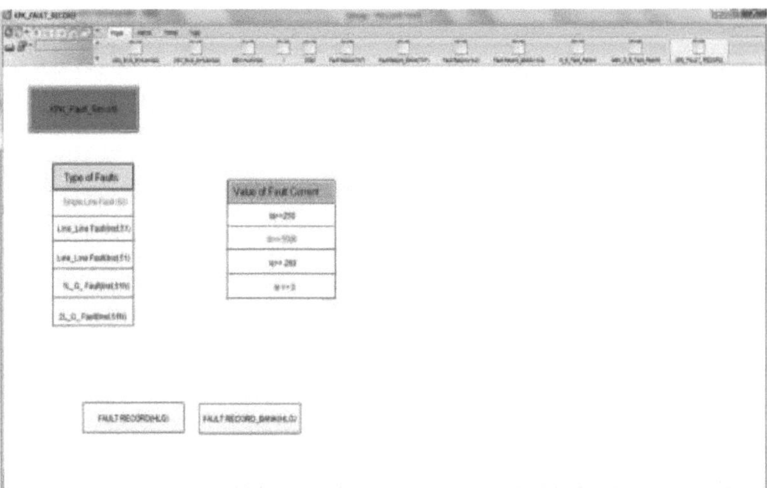

Figura 5.26. Página de registo de falhas para 33kV KyetPhyuKan, Hlawga sob falha de linha única (Vijeo Citect 7.3)

A Figura 5.25 mostra a condição em que ocorre a falha de linha única no alimentador KyetPhyuKan de 33 kV no Unity Pro XL e a Figura 5.26 mostra essa condição no Vijeo Citect 7.3. Ao ver a página de registo de falhas, é possível constatar que uma das correntes trifásicas excedeu a definição do relé de sobreintensidade e é facilmente a falha de linha única.

5.5.3 Condição de falha linha a linha

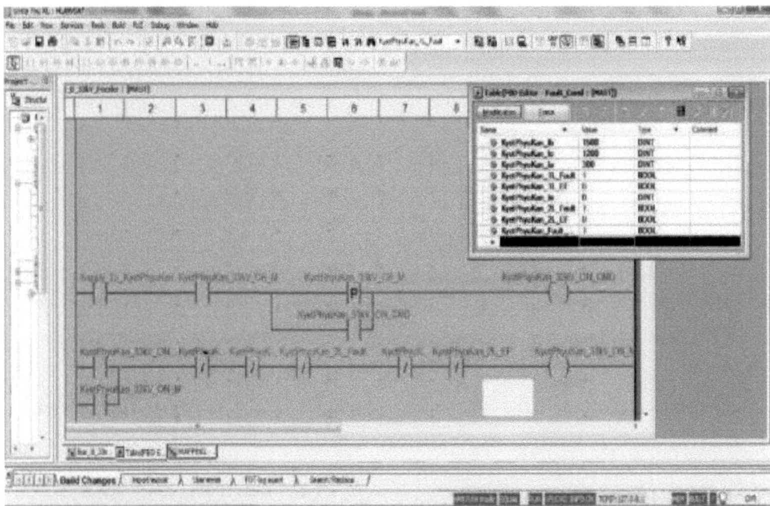

Figura 5.27. 33kV KyetPhyuKan, Hlawga sob defeito de linha a linha (Unity Pro XL)

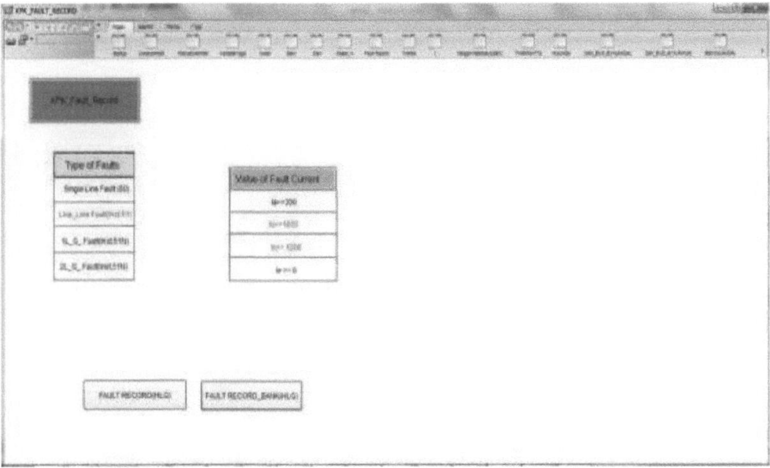

Figura 5.28. Página de registo de falha para 33kV KyetPhyuKan, Hlawga sob falha de linha para linha (Vijeo Citect 7.3)

As figuras 5.27 e 5.28 mostram o estado de defeito linha a linha do alimentador de 33kV KyetPhyuKan quando as duas correntes trifásicas excedem o seu valor normal de corrente.

5.5.4 Condição de falha de linha dupla para terra

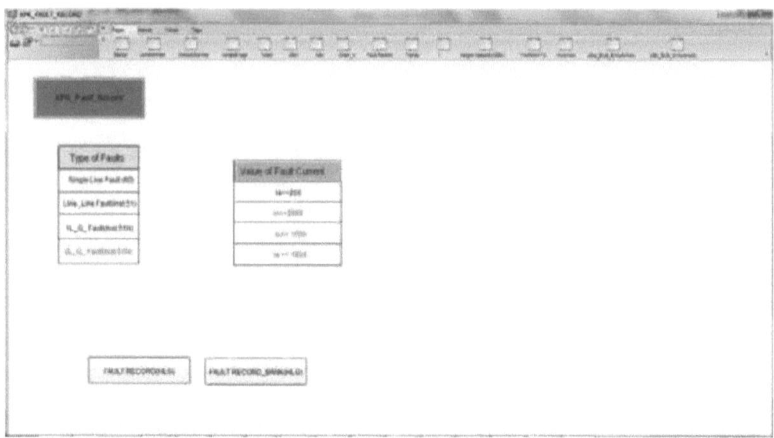

Figura 5.29. Página de registo de falhas para a linha dupla de 33kV KyetPhyuKan, Hlawga

Para falha de terra (Vijeo Citect 7.3)

A figura 5.29 mostra a página de registo de falhas para o alimentador de 33kV KyetPhyuKan com uma falha dupla entre a linha e a terra, uma vez que as duas correntes trifásicas e a corrente de neutro estão acima da regulação do relé.

5.5.5 Condição de disparo do banco de transformadores por proteção diferencial

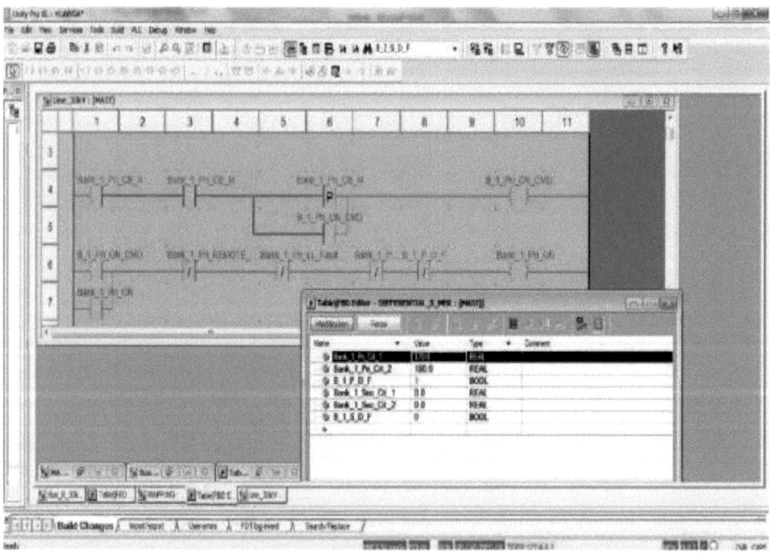

Figura 5.30. Condição de disparo do Banco de Transformadores 1, Proteção Diferencial (Unity Pro XL)

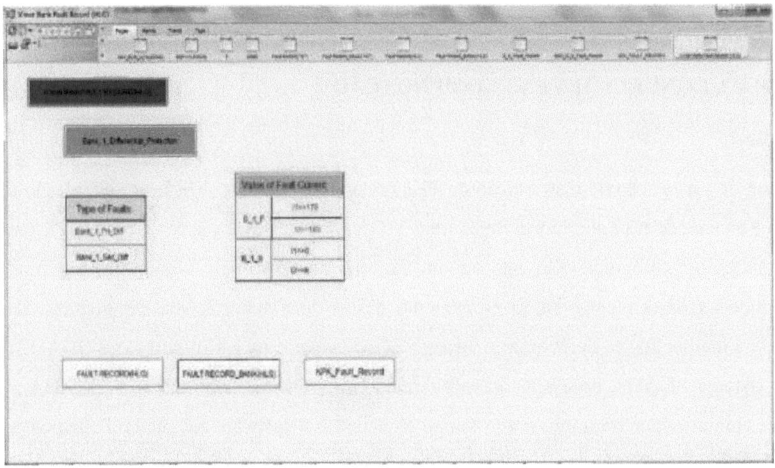

Figura 5.31. Página de Registo de Falhas do Banco de Transformadores 1 por Proteção Diferencial (Vijeo Citect 7.3)

A Figura 5.30. e a Figura 5.31. mostram a condição de disparo do banco de transformadores 1 por relé diferencial no Unity Pro XL e Vijeo Citect 7.3. O relé diferencial actua quando a corrente de entrada no enrolamento não é a mesma que a corrente de saída do enrolamento.

Nesta tese, o Centro de Controlo Regional é configurado utilizando o sistema SCADA, que é a combinação de Unity Pro XL (software PLC), Modicon M340 (hardware PLC) e Vijeo Citect 7.3 (software SCADA). De acordo com a simulação e os resultados acima referidos, o sistema pode ser controlado de forma mais fiável.

CHAPTER 6

DISCUSSÃO, CONCLUSÕES E RECOMENDAÇÃO

6.1 Discussão

A melhoria da subestação de distribuição de Tharkayta e Hlwaga é realizada por simulação e o projeto é executado no Laboratório Schneider, YTU. Uma vez que o sistema SCADA é um sistema moderno e computorizado, não é muito familiar no nosso país. Numa primeira fase, foram estudados os esquemas de funcionamento destas duas subestações. De seguida, foi encontrada a melhor forma de abordar o sistema SCADA entre os vários softwares SDADA. Como o sistema SCADA necessita de software PLC, hardware PLC, software SCADA e ligação de comunicação, demorou muito tempo a encontrar o software adequado. Felizmente, existe um laboratório Schneider na YTU e foram utilizadas ferramentas para a realização prática desta tese. O Modicon M340 (hardware PLC) no laboratório Schneider pode ser comunicado com o Unity Pro XL (software PLC) e o Vijeo Citect 7.3 (hardware SCADA) que tinham sido encontrados anteriormente. Assim, a aplicação de um par de software teve de ser estudada em primeiro lugar e houve muitas dificuldades. Além disso, como há uma limitação do módulo de E/S e da memória, são utilizados bits de E/S. A ligação de comunicação é também uma secção importante e a comunicação Modbus/Ethernet é utilizada para comunicar o software PLC, o hardware PLC e o software SCADA.

Esta tese tem como objetivo configurar o centro de controlo regional no qual as subestações de distribuição de Tharkayta e Hlawga são melhoradas para o sistema SCADA. Assim, os programas PLC para cada subestação a ser actualizada para o esquema de automação são programados no Unity Pro XL 8.0 e são transferidos para o Modicon M340. Os programas de configuração do SCADA para estas duas subestações são definidos no Vijeo Citect 7.3. Depois disso, dois Modicon M340s são comunicados com o Vijeo Citect 7.3 e executam o projeto.

Esta tese foi elaborada a partir das sequências de funcionamento e controlo da subestação de distribuição de Tharkayta e Hlawga. No entanto, com a ajuda do PLC e do sistema SCADA, a configuração do centro de controlo regional está bem configurada.

6.2 Conclusões

Com a melhoria das subestações de distribuição de Tharkayta e Hlawga através da utilização do SCADA, o estado do sistema operativo pode ser facilmente visualizado, por exemplo, quais as linhas que estão normais e quais as que estão anormais. Por conseguinte, podem ser controladas remotamente a partir da HMI. Ao monitorizar e controlar o sistema elétrico desta forma, o estado do sistema pode ser direta e exatamente conhecido pelo LDC em tempo útil. Assim, pode reduzir o tempo de atraso entre a estação e o LDC. Desta forma, o sistema elétrico pode ser facilmente controlado e monitorizado. Além disso, não é necessário recolher dados de contadores individuais no local, o que reduz o número de trabalhadores humanos. Todo o sistema de energia também pode ser alargado com base nestas duas subestações ao sistema SCADA para o controlo e a monitorização do sistema de energia com fiabilidade e segurança. Com a utilização do sistema SCADA, o estado do sistema de energia pode ser visto e conhecido diretamente pelo ecrã do operador ao longo do tempo. Não é necessário perder muito tempo a comunicar para encontrar a razão da avaria e a localização da avaria devido à utilização da página de registo de avarias. Quando ocorre uma condição anormal, esta pode ser facilmente conhecida através de um alarme. Assim, o sistema de energia modernizado através da utilização do SCADA torna-se um sistema mais fiável e eficaz.

6.3 Recomendação

Nesta tese, a subestação de distribuição de 230 kV de Tharkayta e a subestação de distribuição de Hlawga são melhoradas através da utilização do sistema SCADA. Como resultado, o esquema de monitorização e controlo torna-se mais fiável e estável. Se todo o sistema de energia for atualizado para o sistema SCADA, recomenda-se que se obtenham muitos benefícios. O sistema SCADA também pode ser alargado ao sistema de gestão da energia (EMS).

Nesta tese, são considerados os defeitos mais frequentes, que são o defeito de linha simples, o defeito de linha simples para a terra, o defeito de linha para linha e o defeito de linha dupla para a terra, bem como a proteção diferencial para bancos de transformadores. Além disso, podem ser programados os esquemas de proteção do gerador, da linha, de fecho automático e de seccionamento.

Como o software PLC; Unity Pro XL 8.0 , o hardware PLC; Modicon M340 e o software SCADA; Vijeo Citect 7.3 são protocolos abertos, podem ser facilmente comunicados a outros produtos com o mesmo protocolo. Os trabalhos repetidos e os trabalhos a longa distância podem ser programados no Unity Pro XL 8.0 para dar os comandos exactos aos dispositivos de campo através do Modicon M340. Da mesma forma, as páginas de alarme, as páginas de tendências e os relatórios podem ser gravados no Vijeo Citect 7.3, o que pode levar menos tempo a restaurar os dados. Desta forma, os grandes projectos podem ser controlados de forma sistemática e exacta com alguns trabalhadores humanos num curto espaço de tempo.

As subestações podem ser controladas pelos Centros de Controlo Regionais (CCR) correspondentes e todo o sistema de energia pode ser controlado a partir do Centro de

Controlo Nacional (CCN). Assim, se todas as subestações e centrais eléctricas forem actualizadas para o sistema SCADA, haverá certamente muitas vantagens. Por conseguinte, todas as subestações e centrais eléctricas devem ser melhoradas para o sistema SCADA e comunicadas com o RCC e o NCC. Para o efeito, recomenda-se que esta tese possa ser utilizada como referência.

CHAPTER 7   REFERÊNCIAS

[1]   John D. McDonald.2003.Engenharia de Subestações de Energia Eléctrica, Segunda Edição.

[2]   D. G. Fink e H. Beaty.2006. Standard Handbook for Electrical Engineers (15th Edition).McGraw-Hill.

[3]   James Northcote-Green, Robert Wilson, 2006, Control and Automation of Electrical Power Distribution Systems, Taylor& Francis.

[4]   C. Strauss, 2003.Practical Electrical Network Automation and Communication Systems. Elsevier.

[5]   M. Kezunovic, 2002. "Future Trends in Protective Relaying, Substation Automation, Testing and Related Standardization", Proceedings of Transmission and Distribution Conference and Exhibition 2002, IEEE/PES, vol. 1, pp. 598-602, Yokohama, Japão, 6-10 Out.

[6]   M. F. Hebb, Jr., e J. T. Logan. "Protective Relay Modernization Program Releases Latent Transmission Capacity" (Programa de modernização de relés de proteção libera capacidade de transmissão latente), AIEE District Conference Paper 55-354.

[7]   Leelaruji, R., and Vanfretti, L. 2011.Power System Protective Relaying: basic concepts, industrial-grade devices, and communication mechanisms. Relatório interno. Estocolmo: KTH Royal Institute of Technology, Disponível on- line:http://www.vanfretti.com.

[8]   IEEE Power System Relaying Committee Working Group H9, Digital Communications for Relay Protection, Tech. Rep., 2002.

[9]   Gordon Clarke, Deon Reynders, Edwin Wright, 2004. Protocolos SCADA modernos e práticos: DNP3, 60870.5 e sistemas relacionados.

[10] Ronald L. Krutz. Securing SCADA Systems,Copyright © 2006 by Wiley Publishing, Inc., Indianapolis, Indiana

[11] McClanahan, R.H.2002. "The Benefits of Networked SCADA Systems Utilizing IPEnabled Networks", Rural Electric Power Conference, IEEE.

[12] Dr. Marek Zima. Tecnologia de operação, monitorização e controlo de sistemas de energia.

[13] RoshanBhaiswarAmbarish A. SalodkarPravinKshirasagar, "Power Management using PLC and SC AD A". International Journal of Engineering Innovation & Research vol. 1, Issue 1, ISSN: 2277-5668.

[14] Marihart, D.J. 2001. "Communications Technology Guidelines for EMS/SCADA Systems, Power Delivery", IEEE Transactions on industrial electronic, vol. 16, Issue 2.

[15] David j.2006. dolezilek, "Power System Automation", IEEE transaction on industrial electronic, vol.53, no.4, pp. 1066-1073.

[16] Edward Chikuni.2008.Concise Higher Electrical Engineering, Juta Academic Publishers.

[17] Brand K-P, Lohmann V, Wimmer W. 2003. Substation Automation Handbook, Utility Automation Consulting Lohmann, Bremgarten.

[18] V. Terzija, D. Cai, A. Vaccaro, J. Fitch.2010. Arquitetura de sistemas de monitorização de área alargada e seus requisitos de comunicação, CIGRE.

[19] K.P. Brand, V. Lohmann e W. Wimmer.2003. Manual de Automação de Subestações, pp.397.

[20] Meliopoulos,A.P. 2006.Power SystemModeling,Analysis and Control.

CHAPTER 8   APÊNDICES

APÊNDICE A

PROGRAMA PLC THARKAYTA E HLAWGA DISTRIBUIÇÃO

SUBSTÂNCIA

TESTE DE ESTRUTURA

I.   SUBESTAÇÃO DE DISTRIBUIÇÃO DE THARKAYTA

J.   BUS_BANCO

SE M_Fonte_230kV_Suprimento = 0 ENTÃO

M_H_M_B_ON :=0 ;

END_IF;

SE M_Fonte_230kV_Suprimento = 0 ENTÃO

M_T_M_B_ON :=0 ;

END_IF;

SE M_H_M_B_ON = 0 E M_T_M_B_ON = 0 ENTÃO

Linha_M_de_potência_para_230kV :=0 ;

END_IF;

SE M_H_M_B_ON =0 ENTÃO

Hlawga_CB_ON :=0 ;

END_IF;

SE M_T_M_B_ON =0 ENTÃO

Thanlyin_CB_ON :=0 ;

END_IF;

SE Potência_para_230kV_Linha_M =0 ENTÃO

Banco_1_Pri_CB_M :=0;

END_IF;

SE Potência_para_230kV_Linha_M =0 ENTÃO

Banco_2_Pri_CB_M :=0;

```
END_IF;

SE Potência_para_230kV_Linha_M =0 ENTÃO

Banco_2_Pri_CB_M :=0;

END_IF;

SE Potência_para_230kV_Linha_M =0 ENTÃO

Banco_3_Pri_CB_M :=0;

END_IF;

SE Potência_para_230kV_Linha_M =0 ENTÃO

Banco_4_Pri_CB_M :=0;

END_IF;

SE Potência_para_230kV_Linha_M =0 ENTÃO

Banco_5_Pri_CB_M :=0;

END_IF;

SE Thanlyin_CB_ON =0 ENTÃO

Thanlyin_CRT:=0,0;

END_IF;

IF Banco_1_Pri_CB_M =0 THEN

Banco_1_Pri_ON :=0 ;

END_IF;

IF Banco_1_Sec_CB_M =0 THEN

Banco_1_ON :=0 ;

END_IF;

SE Banco_1_Pri_ON =0 ENTÃO

Banco_1_ON :=0 ;

END_IF;

SE Banco_2_Pri_CB_M =0 ENTÃO

Banco_2_Pri_ON :=0 ;
```

```
END_IF;

SE Banco_2_Sec_CB_M =0 ENTÃO

Banco_2_ON :=0 ;

END_IF;

SE Banco_2_Pri_ON =0 ENTÃO

Banco_2_ON :=0 ;

END_IF;

SE Banco_3_Pri_CB_M =0 ENTÃO

Banco_3_Pri_ON :=0 ;

END_IF;

SE Banco_3_Sec_CB_M =0 ENTÃO

Banco_3_ON :=0 ;

END_IF;

SE Banco_3_Pri_ON =0 ENTÃO

Banco_3_ON :=0 ;

END_IF;

SE Banco_4_Pri_CB_M =0 ENTÃO

Banco_4_Pri_ON :=0 ;

END_IF;

SE Banco_4_Seg_CB_M =0 ENTÃO

Banco_4_ON :=0 ;

END_IF;

SE Banco_4_Pri_ON =0 ENTÃO

Banco_4_ON :=0 ;

END_IF;

SE Banco_5_Pri_CB_M =0 ENTÃO

Banco_5_Pri_ON :=0 ;
```

END_IF;

SE Banco_5_Seg_CB_M =0 ENTÃO

Banco_5_ON :=0 ;

END_IF;

SE Banco_5_Pri_ON =0 ENTÃO

Banco_5_ON :=0 ;

END_IF;

SE Banco_1_Pri_ON = 0 ENTÃO

Banco_1_Sec_CB_M :=0 ;

END_IF;

IF Banco_2_Pri_ON = 0 THEN Banco_2_Sec_CB_M :=0 ;

END_IF;

SE Banco_3_Pri_ON = 0 ENTÃO

Banco_3_Sec_CB_M :=0 ;

END_IF;

SE Banco_4_Pri_ON = 0 ENTÃO

Banco_4_Seg_CB_M :=0 ;

END_IF;

SE Banco_5_Pri_ON = 0 ENTÃO

Banco_5_Seg_CB_M :=0 ;

END_IF;

K. DEFINIÇÃO DO CRT DO ALIMENTADOR

SE Thida_1_66kV_ON_M = 1 e Thida1_Timer_on ENTÃO

Thida_1_Crt_Range := Thida_1_Crt + 5.0;

Fim_se;

SE Thida_1_66kV_ON_M = 0 e Thida1_Timer_on ENTÃO

Thida_1_Crt_Range := 0.0 ;

```
Fim_se;

IF Thida_1_OC_Set > 500.0 THEN

Thida_1_66kV_1L_Fault:= 1 ;

Fim_se;

IF Thida_1_OC_Set < 500.0 THEN

Thida_1_66kV_1L_Fault:= 0 ;

Fim_se;

IF Thida_1_66kV_1L_EF = 1 THEN

Thida_1_66kV_ON_CMD :=0;

END_IF;

IF Thida_1_66kV_2L_EF = 1 THEN

Thida_1_66kV_ON_CMD :=0;

END_IF;

IF Thida_1_66kV_1L_Fault = 1 THEN

Thida_1_66kV_ON_CMD :=0;

END_IF;

SE Thida_2_66kV_ON_M = 1 e Thida2_Timer_on ENTÃO

Thida_2_Crt_Range := Thida_2_Crt + 5.0 ;

Fim_se;

SE Thida_2_66kV_ON_M = 0 e Thida2_Timer_on ENTÃO

Thida_2_Crt_Range := 0.0 ;

Fim_se;

IF Thida_2_OC_Set > 500.0 THEN

Thida_2_66kV_1L_Fault:= 1 ;

Fim_se;

IF Thida_2_OC_Set < 500.0 THEN

Thida_2_66kV_1L_Fault:= 0 ;
```

```
Fim_se;

SE Thida_2_66kV_1L_EF = 1 ENTÃO

Thida_2_66kV_ON_CMD :=0;

END_IF;

SE Thida_2_66kV_2L_EF = 1 ENTÃO

Thida_2_66kV_ON_CMD :=0;

END_IF;

IF Thida_2_66kV_1L_Fault = 1 THEN

Thida_2_66kV_ON_CMD :=0;

END_IF;

SE PTN_66kV_ON_M = 1 e PTN_66kV_Timer_on ENTÃO

PTN_66kV_Crt_Range := PTN_66kV_Crt + 5,0 ;

Fim_se;

SE PTN_66kV_ON_M = 0 e PTN_66kV_Timer_on ENTÃO

PTN_66kV_Crt_Range := 0,0 ;

Fim_se;

SE PTN_66kV_OC_Set > 420,0 ENTÃO

PTN_66kV_1L_Fault:= 1 ;

Fim_se;

SE PTN_66kV_OC_Set < 420,0 ENTÃO

PTN_66kV_1L_Fault:= 0 ;

Fim_se;

SE PTN_66kV_1L_EF = 1 ENTÃO

PTN_66kV_ON_CMD :=0;

END_IF;

SE PTN_66kV_2L_EF = 1 ENTÃO

PTN_66kV_ON_CMD :=0;
```

```
END_IF;

IF PTN_66kV_1L_Fault = 1 THEN

PTN_66kV_ON_CMD :=0;

END_IF;

SE D_S_66kV_ON_M = 1 e D_S_66kV_Timer_on ENTÃO

D_S_66kV_Crt_Range := D_S_66kV_Crt + 5,0 ;

Fim_se;

SE D_S_66kV_ON_M = 0 e D_S_66kV_Timer_on ENTÃO

D_S_66kV_Crt_Range := 0.0 ;

Fim_se;

SE D_S_66kV_Ia > 240,0 ENTÃO

D_S_66kV_1L_Fault:= 1 ;

Fim_se;

SE D_S_66kV_Ia < 240,0 ENTÃO

D_S_66kV_1L_Fault:= 0 ;

Fim_se;

SE D_S_66kV_1L_EF = 1 ENTÃO

D_S_66kV_ON_CMD :=0;

END_IF;

SE D_S_66kV_2L_EF = 1 ENTÃO

D_S_66kV_ON_CMD :=0;

END_IF;

IF D_S_66kV_1L_Fault = 1 THEN

D_S_66kV_ON_CMD :=0;

END_IF;

IF D_S_66kV_LL_Fault = 1 THEN

D_S_66kV_ON_CMD :=0;
```

END_IF;

SE D_E_66kV_ON_M = 1 e D_E_66kV_Timer_on ENTÃO

D_E_66kV_Crt_Range := D_E_66kV_Crt + 5,0 ;

Fim_se;

IF D_E_66kV_ON_M = 0 e D_E_66kV_Timer_on THEN

D_E_66kV_Crt_Range := 0.0 ;

Fim_se;

SE D_E_66kV_OC_Set > 400,0 ENTÃO

D_E_66kV_LL_Fault:= 1 ;

Fim_se;

SE D_E_66kV_OC_Set < 400,0 ENTÃO

D_E_66kV_LL_Fault:= 0 ;

Fim_se;

SE D_E_66kV_1L_EF = 1 ENTÃO

D_E_66kV_ON_CMD :=0;

END_IF;

SE D_E_66kV_2L_EF = 1 ENTÃO

D_E_66kV_ON_CMD :=0;

END_IF;

IF D_E_66kV_LL_Fault = 1 THEN

D_E_66kV_ON_CMD :=0;

END_IF;

SE KKS_66kV_ON_M = 1 e KKS_66kV_Timer_on ENTÃO

KKS_66kV_Crt_Range := KKS_66kV_Crt + 5,0 ;

Fim_se;

SE KKS_66kV_ON_M = 0 e KKS_66kV_Timer_on ENTÃO

KKS_66kV_Crt_Range := 0,0 ;

```
Fim_se;

SE KKS_66kV_OC_Set > 480,0 ENTÃO

KKS_66kV_1L_Fault:= 1 ;

Fim_se;

SE KKS_66kV_OC_Set < 480,0 ENTÃO

KKS_66kV_1L_Fault:= 0 ;

Fim_se;

SE KKS_66kV_1L_EF = 1 ENTÃO

KKS_66kV_ON_CMD :=0;

END_IF;

SE KKS_66kV_2L_EF = 1 ENTÃO

KKS_66kV_ON_CMD :=0;

END_IF;

IF KKS_66kV_1L_Fault = 1 THEN

KKS_66kV_ON_CMD :=0;

END_IF;

IF  SPM_1_66kV_ON_M = 1  e  SPM_1_Timer_on  THEN  SPM_1_66kV_Crt_Range :=
SPM_1_66kV_Crt + 5,0 ;

Fim_se;

IF SPM_1_66kV_ON_M = 0 e SPM_1_Timer_on THEN

SPM_1_66kV_Crt_Range := 0.0 ;

Fim_se;

SE SPM_1_66kV_OC_Set > 500,0 ENTÃO

SPM_1_66kV_1L_Fault:= 1 ;

Fim_se;

IF SPM_1_66kV_OC_Set < 500.0 THEN

SPM_1_66kV_1L_Fault:= 0 ;
```

Fim_se;

IF SPM_1_66kV_1L_EF = 1 THEN

SPM_1_66kV_ON_CMD :=0;

END_IF;

SE SPM_1_66kV_2L_EF = 1 ENTÃO

SPM_1_66kV_ON_CMD :=0;

END_IF;

IF SPM_1_66kV_1L_Fault = 1 THEN

SPM_1_66kV_ON_CMD :=0;

END_IF;

IF SPM_2_66kV_ON_M = 1 e SPM_2_Timer_on THEN SPM_2_66kV_Crt_Range :=
SPM_2_66kV_Crt + 5,0 ;

Fim_se;

SE SPM_2_66kV_ON_M = 0 e SPM_2_Timer_on ENTÃO

SPM_2_66kV_Crt_Range := 0.0 ;

Fim_se;

SE SPM_2_66kV_OC_Set > 500,0 ENTÃO

SPM_2_66kV_1L_Fault:= 1 ;

Fim_se;

SE SPM_2_66kV_OC_Set < 500.0 ENTÃO

SPM_2_66kV_1L_Fault:= 0 ;

Fim_se;

SE SPM_2_66kV_1L_EF = 1 ENTÃO

SPM_2_66kV_ON_CMD :=0;

END_IF;

SE SPM_2_66kV_2L_EF = 1 ENTÃO

SPM_2_66kV_ON_CMD :=0;

END_IF;

IF SPM_2_66kV_1L_Fault = 1 THEN

SPM_2_66kV_ON_CMD :=0;

END_IF;

SE PTN_33kV_ON_M = 1 e PTN_33kV_Timer_on ENTÃO

PTN_33kV_Crt_Range := PTN_33kV_Crt + 5,0 ;

Fim_se;

SE PTN_33kV_ON_M = 0 e PTN_33kV_Timer_on ENTÃO

PTN_33kV_Crt_Range := 0,0 ;

Fim_se;

SE PTN_33kV_OC_Set > 600,0 ENTÃO

PTN_33kV_1L_Fault:= 1 ;

Fim_se;

SE PTN_33kV_OC_Set < 600,0 ENTÃO

PTN_33kV_1L_Fault:= 0 ;

Fim_se;

SE PTN_33kV_1L_EF = 1 ENTÃO

PTN_33kV_ON_CMD :=0;

END_IF;

SE PTN_33kV_2L_EF = 1 ENTÃO

PTN_33kV_ON_CMD :=0;

END_IF;

IF PTN_33kV_1L_Fault = 1 THEN

PTN_33kV_ON_CMD :=0;

END_IF;

IF MTT_33kV_ON_M = 1 e MTT_33kV_Timer_on THEN

MTT_33kV_Crt_Range := MTT_33kV_Crt + 5,0 ;

Fim_se;

IF MTT_33kV_ON_M = 0 e MTT_33kV_Timer_on THEN

MTT_33kV_Crt_Range := 0,0 ;

Fim_se;

SE MTT_33kV_OC_Set > 500,0 ENTÃO

MTT_33kV_1L_Fault:= 1 ;

Fim_se;

IF MTT_33kV_OC_Set < 500.0 THEN

MTT_33kV_1L_Fault:= 0 ;

Fim_se;

SE MTT_33kV_1L_EF = 1 ENTÃO

PTN_33kV_ON_CMD :=0;

END_IF;

SE MTT_33kV_2L_EF = 1 ENTÃO

MTT_33kV_ON_CMD :=0;

END_IF;

IF MTT_33kV_1L_Fault = 1 THEN

MTT_33kV_ON_CMD :=0;

END_IF;

SE D_S_33kV_ON_M = 1 e D_S_33kV_Timer_on ENTÃO

D_S_33kV_Crt_Range := D_S_33kV_Crt + 5,0 ;

Fim_se;

SE D_S_33kV_ON_M = 0 e D_S_33kV_Timer_on ENTÃO

D_S_33kV_Crt_Range := 0.0 ;

Fim_se;

SE D_S_66kV_Ia > 540,0 ENTÃO

D_S_33kV_1L_Fault:= 1 ;

Fim_se;

SE D_S_66kV_Ia < 540,0 ENTÃO

D_S_33kV_1L_Fault:= 0 ;

Fim_se;

SE D_S_33kV_1L_EF = 1 ENTÃO

D_S_33kV_ON_CMD :=0;

END_IF;

SE D_S_33kV_2L_EF = 1 ENTÃO

D_S_33kV_ON_CMD :=0;

END_IF;

IF D_S_33kV_1L_Fault = 1 THEN

D_S_33kV_ON_CMD :=0;

END_IF;

SE MOGE_33kV_ON_M = 1 e MOGE_33kV_Timer_on ENTÃO

MOGE_33kV_Crt_Range := MOGE_33kV_Crt + 5,0 ;

Fim_se;

SE MOGE_33kV_ON_M = 0 e MOGE_33kV_Timer_on ENTÃO

MOGE_33kV_Crt_Range := 0.0 ;

Fim_se;

SE MOGE_33kV_OC_Set > 480,0 ENTÃO

MOGE_33kV_1L_Fault:= 1 ;

Fim_se;

SE MOGE_33kV_OC_Set < 480,0 ENTÃO

MOGE_33kV_1L_Fault:= 0 ;

Fim_se;

SE MOGE_33kV_1L_EF = 1 ENTÃO

MOGE_33kV_ON_CMD :=0;

```
END_IF;
SE MOGE_33kV_2L_EF = 1 ENTÃO
MOGE_33kV_ON_CMD :=0;
END_IF;
IF MOGE_33kV_1L_Fault = 1 THEN
MOGE_33kV_ON_CMD :=0;
END_IF;
SE D_N_33kV_ON_M = 1 e D_N_33kV_Timer_on ENTÃO
D_N_33kV_Crt_Range := D_N_33kV_Crt + 5,0 ;
Fim_se;
SE D_N_33kV_ON_M = 0 e D_N_33kV_Timer_on ENTÃO
D_N_33kV_Crt_Range := 0.0 ;
Fim_se;
SE D_N_33kV_OC_Set > 540,0 ENTÃO
D_N_33kV_1L_Fault:= 1 ;
Fim_se;
SE D_N_33kV_OC_Set < 540,0 ENTÃO
D_N_33kV_1L_Fault:= 0 ;
Fim_se;
SE D_N_33kV_1L_EF = 1 ENTÃO
D_N_33kV_ON_CMD :=0;
END_IF;
SE D_N_33kV_2L_EF = 1 ENTÃO
D_N_33kV_ON_CMD :=0;
END_IF;
IF D_N_33kV_1L_Fault = 1 THEN
D_N_33kV_ON_CMD :=0;
```

END_IF;

L.   ALIMENTADORES

IF Thida_1_66kV_CB_M =0 THEN

Thida_1_66kV_ON_M :=0;

END_IF;

IF Alimentação_To_Thida_1_66kV =0 THEN

Thida_1_66kV_ON_M :=0 ;

END_IF;

IF Thida_2_66kV_CB_M =0 THEN

Thida_2_66kV_ON_M :=0;

END_IF;

IF Alimentação_To_Thida_1_66kV =0 THEN

Thida_2_66kV_ON_M :=0 ;

END_IF;

SE PTN_66kV_CB_M =0 ENTÃO

PTN_66kV_ON_M :=0;

END_IF;

IF Supply_To_PTN_66kV =0 THEN

PTN_66kV_ON_M :=0 ;

END_IF;

SE D_S_66kV_CB_M =0 ENTÃO

D_S_66kV_ON_M :=0;

END_IF;

IF Alimentação_To_D_S_66kV =0 ENTÃO

D_S_66kV_ON_M :=0 ;

END_IF;

SE KKS_66kV_CB_M =0 ENTÃO

```
KKS_66kV_ON_M :=0;

END_IF;

IF Supply_To_KKS_66kV =0 THEN

KKS_66kV_ON_M :=0 ;

END_IF;

SE D_E_66kV_CB_M =0 ENTÃO

D_E_66kV_ON_M :=0;

END_IF;

SE Alimentação_To_D_E_66kV =0 ENTÃO

D_E_66kV_ON_M :=0 ;

END_IF;

SE SPM_1_66kV_CB_M =0 ENTÃO

SPM_1_66kV_ON_M :=0;

END_IF;

IF Supply_To_SPM_1_66kV =0 THEN

SPM_1_66kV_ON_M :=0 ;

END_IF;

SE SPM_2_66kV_CB_M =0 ENTÃO

SPM_2_66kV_ON_M :=0;

END_IF;

IF Supply_To_SPM_2_66kV =0 THEN

SPM_2_66kV_ON_M :=0 ;

END_IF;

SE PTN_33kV_CB_M =0 ENTÃO

PTN_33kV_ON_M :=0;

END_IF;

IF Supply_To_PTN_33kV =0 THEN
```

PTN_33kV_ON_M :=0 ;

END_IF;

SE MTT_33kV_CB_M =0 ENTÃO

MTT_33kV_ON_M :=0;

END_IF;

IF Supply_To_MTT_33kV =0 THEN

MTT_33kV_ON_M :=0 ;

END_IF;

SE MOGE_33kV_CB_M =0 ENTÃO

MOGE_33kV_ON_M :=0;

END_IF;

IF Supply_To_MOGE_33kV =0 THEN

MOGE_33kV_ON_M :=0 ;

END_IF;

SE D_N_33kV_CB_M =0 ENTÃO

D_N_33kV_ON_M :=0;

END_IF;

SE Alimentação_To_D_N_33kV =0 ENTÃO

D_N_33kV_ON_M :=0 ;

END_IF;

M.   PROTECÇÃO DIFERENCIAL PARA BANCOS DE TRANSFORMADORES

IF Banco_1_Pri_Crt_2 > Banco_1_Pri_Crt_1 THEN

B_1_P_D_F:=1;

END_IF;

IF Banco_1_Sec_Crt_2 > Banco_1_Sec_Crt_1 THEN

B_1_S_D_F:=1;

END_IF;

```
SE B_1_P_D_F=1 ENTÃO

B_1_Pri_ON_CMD:=0;

END_IF;

SE B_1_S_D_F=1 ENTÃO

B_1_Sec_ON_CMD:=0;

END_IF;

IF Banco_2_Pri_Crt_2 > Banco_2_Pri_Crt_1 THEN

B_2_P_D_F:=1;

END_IF;

IF Banco_2_Sec_Crt_2 > Banco_2_Sec_Crt_1 THEN

B_2_S_D_F:=1;

END_IF;

SE B_2_P_D_F=1 ENTÃO

B_2_Pri_ON_CMD:=0;

END_IF;

SE B_2_S_D_F=1 ENTÃO

B_2_Sec_ON_CMD:=0;

END_IF;

IF Banco_3_Pri_Crt_2 > Banco_3_Pri_Crt_1 THEN

B_3_P_D_F:=1;

END_IF;

IF Banco_3_Sec_Crt_2 > Banco_3_Sec_Crt_1 THEN

B_3_S_D_F:=1;

END_IF;

SE B_3_P_D_F=1 ENTÃO

B_3_Pri_ON_CMD:=0;

END_IF;
```

```
SE B_3_S_D_F=1 ENTÃO

B_3_Sec_ON_CMD:=0;

END_IF;

IF Banco_4_Pri_Crt_2 > Banco_4_Pri_Crt_1 THEN

B_4_P_D_F:=1;

END_IF;

IF Banco_4_Sec_Crt_2 > Banco_4_Sec_Crt_1 THEN

B_4_S_D_F:=1;

END_IF;

SE B_4_P_D_F=1 ENTÃO

B_4_Pri_ON_CMD:=0;

END_IF;

SE B_4_S_D_F=1 ENTÃO

B_4_Sec_ON_CMD:=0;

END_IF;

IF Banco_5_Pri_Crt_2 > Banco_5_Pri_Crt_1 THEN

B_5_P_D_F:=1;

END_IF;

IF Banco_5_Sec_Crt_2 > Banco_5_Sec_Crt_1 THEN

B_5_S_D_F:=1;

END_IF;

SE B_5_P_D_F=1 ENTÃO

B_5_Pri_ON_CMD:=0;

END_IF;

SE B_5_S_D_F=1 ENTÃO

B_5_Sec_ON_CMD:=0;

END_IF;
```

N.   REGULAÇÃO ACTUAL DOS BANCOS DE TRANSFORMADORES

IF Hlawga_CB_ON = 1 and Hlawga_Timer_on THEN Hlawga_Crt_Range := Hlawga_Crt_Range+ 10.0 ;

Fim_se;

IF Hlawga_CB_ON = 0 e Hlawga_Timer_on THEN

Hlawga_Crt_Range :=0.0;

END_IF;

SE Thanlyin_CB_ON =1 e Thanlyin_TIMER_ON ENTÃO

Thanlyin_CRT :=Thanlyin_CRT_NEW;

END_IF;

SE Thanlyin_CB_ON =0 e Thanlyin_TIMER_ON ENTÃO

Thanlyin_CRT := 0,0;

END_IF;

SE Thanlyin_CRT = 0,0 e Thanlyin_TIMER_ON ENTÃO

Banco_5_Pri_REMOTE_CMD := 1;

END_IF;

IF Bank_1_Pri_ON = 1 and Bank_1_Pri_Timer_on THEN Bank_1_Pri_Crt_Range := Bank_1_Pri_Crt_1 + 5.0 ;

Fim_se;

IF Bank_1_Pri_ON = 0 e Bank_1_Pri_Timer_on THEN

Banco_1_Pri_Crt_Range := 0.0 ;

Fim_se;

IF Banco_1_Pri_OC_Set > 249.0 THEN

Banco_1_Pri_OC_Falha:= 1 ;

Fim_se;

IF Banco_1_Pri_OC_Set < 249.0 THEN

Falha do banco_1_Pri_OC:= 0 ;

Fim_se;

SE Banco_2_Pri_ON = 1 e Banco_2_Pri_Timer_on ENTÃO

Banco_2_Pri_Crt_Range := Banco_2_Pri_Crt_1 + 5,0 ;

Fim_se;

IF Bank_2_Pri_ON = 0 e Bank_2_Pri_Timer_on THEN

Banco_2_Pri_Crt_Range := 0.0 ;

Fim_se;

IF Banco_2_Pri_OC_Set > 270.0 THEN

Falha_do_banco_2_Pri_OC:= 1 ;

Fim_se;

IF Banco_2_Pri_OC_Set < 270.0 THEN

Falha_do_banco_2_Pri_OC:= 0 ;

Fim_se;

SE Banco_3_Pri_ON = 1 e Banco_3_Pri_Timer_on ENTÃO

Banco_3_Pri_Crt_Range := Banco_3_Pri_Crt_1 + 5,0 ;

Fim_se;

SE Banco_3_Pri_ON = 0 e Banco_3_Pri_Timer_on ENTÃO

Banco_3_Pri_Crt_Range := 0.0 ;

Fim_se;

IF Banco_3_Pri_OC_Set > 200.0 THEN

Falha_do_banco_3_Pri_OC:= 1 ;

Fim_se;

IF Banco_3_Pri_OC_Set < 200.0 THEN

Falha_do_banco_3_Pri_OC:= 0 ;

Fim_se;

SE Banco_4_Pri_ON = 1 e Banco_4_Pri_Timer_on ENTÃO

Banco_4_Pri_Crt_Range := Banco_4_Pri_Crt_1 + 5,0 ;

Fim_se;

SE Banco_4_Pri_ON = 0 e Banco_4_Pri_Timer_on ENTÃO

Banco_4_Pri_Crt_Range := 0.0 ;

Fim_se;

IF Banco_4_Pri_OC_Set > 180.0 THEN

Banco_4_Pri_OC_Falha:= 1 ;

Fim_se;

IF Banco_4_Pri_OC_Set < 180.0 THEN

Banco_4_Pri_OC_Falha:= 0 ;

Fim_se;

SE Banco_5_Pri_ON = 1 e Banco_5_Pri_Timer_on ENTÃO

Banco_5_Pri_Crt_Range := Banco_5_Pri_Crt_1 + 5,0 ;

Fim_se;

SE Banco_5_Pri_ON = 0 e Banco_5_Pri_Timer_on ENTÃO

Banco_5_Pri_Crt_Range := 0.0 ;

Fim_se;

IF Banco_5_Pri_OC_Set > 70.0 THEN

Falha_do_banco_5_Pri_OC:= 1 ;

Fim_se;

IF Banco_5_Pri_OC_Set < 70.0 THEN

Falha_do_banco_5_Pri_OC:= 0 ;

Fim_se;

IF Bank_1_ON = 1 and Bank_1_Sec_Timer_on THEN Bank_1_Sec_Crt_Range := (Bank_1_Pri_Crt_1 + 5.0) * 3.48 ;

Fim_se;

IF Bank_1_ON = 0 e Bank_1_Sec_Timer_on THEN

Banco_1_Seg_Crt_Range := 0,0;

Fim_se;

IF Bank_1_ON = 0 e Bank_1_Sec_Timer_on THEN

Banco_1_Sec_Crt_1 := 0,0;

Fim_se;

IF Bank_1_ON = 0 e Bank_1_Sec_Timer_on THEN

Banco_1_Sec_Crt_2 := 0,0;

Fim_se;

IF Bank_1_Sec_OC_Set > 870.0 THEN

Banco_1_Seg_OC_Falha:= 1 ;

Fim_se;

IF Bank_1_Sec_OC_Set < 870.0 THEN

Banco_1_Seg_OC_Falha:= 0 ;

Fim_se;

IF Bank_2_ON = 1 e Bank_2_Sec_Timer_on THEN

Intervalo_do_banco_2_Sec_Crt := (Banco_2_Pri_Crt_1 + 5,0) * 6,95 ;

Fim_se;

IF Bank_2_ON = 0 e Bank_2_Sec_Timer_on THEN

Intervalo_do_banco_2_sec_Crt := 0,0;

Fim_se;

IF Bank_2_ON = 0 e Bank_2_Sec_Timer_on THEN

Banco_2_Sec_Crt_1 := 0,0;

Fim_se;

IF Bank_2_ON = 0 e Bank_2_Sec_Timer_on THEN

Banco_2_Sec_Crt_2 := 0,0;

Fim_se;

IF Bank_2_Sec_OC_Set > 1800.0 THEN

Falha_do_banco_2_Seg_OC:= 1 ;

Fim_se;

IF Bank_2_Sec_OC_Set < 1800.0 THEN

Falha_do_banco_2_Seg_OC:= 0 ;

Fim_se;

IF Bank_3_ON = 1 e Bank_3_Sec_Timer_on THEN

Intervalo_do_banco_3_sec_Crt := (Banco_3_Pri_Crt_1 + 5,0) * 3,48 ;

Fim_se;

IF Bank_3_ON = 0 e Bank_3_Sec_Timer_on THEN

Intervalo_do_banco_3_sec_Crt := 0,0;

Fim_se;

IF Bank_3_ON = 0 e Bank_3_Sec_Timer_on THEN

Banco_3_Sec_Crt_1 := 0,0;

Fim_se;

SE Banco_3_Seg_OC_Set > 870,0 ENTÃO

Banco_3_Seg_OC_Falha:= 1 ;

Fim_se;

IF Banco_3_Seg_OC_Set < 870.0 THEN

Banco_3_Seg_OC_Falha:= 0 ;

Fim_se;

IF Bank_4_ON = 1 and Bank_4_Sec_Timer_on THEN Bank_4_Sec_Crt_Range := (Bank_4_Pri_Crt_1 + 5.0) * 3.48 ;

Fim_se;

IF Bank_4_ON = 0 e Bank_4_Sec_Timer_on THEN

Intervalo_do_banco_4_sec_Crt := 0,0;

Fim_se;

IF Bank_4_ON = 0 e Bank_4_Sec_Timer_on THEN

Banco_4_Sec_Crt_1 := 0,0;

Fim_se;

```
IF Bank_4_ON = 0 e Bank_4_Sec_Timer_on THEN

Banco_4_Seg_Crt_2 := 0,0;

Fim_se;

IF Bank_4_Sec_OC_Set > 800.0 THEN

Banco_4_Seg_OC_Falha:= 1 ;

Fim_se;

IF Bank_4_Sec_OC_Set < 800.0 THEN

Banco_4_Seg_OC_Falha:= 0 ;

Fim_se;

IF Bank_5_ON = 1 e Bank_5_Sec_Timer_on THEN

Intervalo_do_banco_5_sec_Crt := (Banco_5_Pri_Crt_1 + 5,0) * 6,96 ;

Fim_se;

IF Bank_5_ON = 0 e Bank_5_Sec_Timer_on THEN

Intervalo_do_banco_5_sec_Crt := 0,0;

Fim_se;

IF Bank_5_ON = 0 e Bank_5_Sec_Timer_on THEN

Banco_5_Seg_Crt_1 := 0,0;

Fim_se;

IF Bank_5_ON = 0 e Bank_5_Sec_Timer_on THEN

Banco_5_Seg_Crt_2 := 0,0;

Fim_se;

IF Banco_5_Seg_OC_Set > 800.0 THEN

Banco_4_Seg_OC_Falha:= 1 ;

Fim_se;

IF Bank_5_Sec_OC_Set < 800.0 THEN

Falha_do_banco_5_sec_OC:= 0 ;

Fim_se;
```

IF Banco_5_Pri_Crt_2 > Banco_5_Pri_Crt_1 THEN

B_5_P_D_F:=1;

END_IF;

11. SUBESTAÇÃO DE DISTRIBUIÇÃO DE HLAWGA

A. BUS_BANCO

SE M_Fonte_230kV_Suprimento = 0 ENTÃO

M_SHD_M_B_ON :=0 ;

END_IF;

SE M_Fonte_230kV_Suprimento = 0 ENTÃO

M_TYG_M_B_ON :=0 ;

END_IF;

IF M_SHD_M_B_ON = 0 AND M_TYG_M_B_ON = 0 THEN Power_To_230kV_Line_M
:=0 ;

END_IF;

SE M_SHD_M_B_ON =0 ENTÃO

SHD_B_ON :=0 ;

END_IF;

SE M_TYG_M_B_ON =0 ENTÃO

TYG_B_ON :=0 ;

END_IF;

SE Potência_para_230kV_Linha_M =0 ENTÃO

Banco_1_Pri_CB_M :=0;

END_IF;

SE Potência_para_230kV_Linha_M =0 ENTÃO

Banco_2_Pri_CB_M :=0;

END_IF;

SE Potência_para_230kV_Linha_M =0 ENTÃO

```
Banco_2_Pri_CB_M :=0;

END_IF;

SE Potência_para_230kV_Linha_M =0 ENTÃO

Banco_3_Pri_CB_M :=0;

END_IF;

SE Potência_para_230kV_Linha_M =0 ENTÃO

Banco_4_Pri_CB_M :=0;

END_IF;

IF Banco_1_Pri_CB_M =0 THEN

Banco_1_Pri_ON :=0 ;

END_IF;

IF Banco_1_Sec_CB_M =0 THEN

Banco_1_ON :=0 ;

END_IF;

SE Banco_1_Pri_ON =0 ENTÃO

Banco_1_ON :=0 ;

END_IF;

SE Banco_2_Pri_CB_M =0 ENTÃO

Banco_2_Pri_ON :=0 ;

END_IF;

SE Banco_2_Sec_CB_M =0 ENTÃO

Banco_2_ON :=0 ;

END_IF;

SE Banco_2_Pri_ON =0 ENTÃO

Banco_2_ON :=0 ;

Banco_3_Pri_ON :=0 ;

END_IF;
```

```
SE Banco_3_Sec_CB_M =0 ENTÃO

Banco_3_ON :=0 ;

END_IF;

SE Banco_3_Pri_ON =0 ENTÃO

Banco_3_ON :=0 ;

END_IF;

SE Banco_4_Pri_CB_M =0 ENTÃO

Banco_4_Pri_ON :=0 ;

END_IF;

IF Banco_4_Seg_CB_M =0 THEN

Banco_4_ON :=0 ;

END_IF;

SE Banco_4_Pri_ON =0 ENTÃO

Banco_4_ON :=0 ;

END_IF;

SE Banco_1_Pri_ON = 0 ENTÃO

Banco_1_Sec_CB_M :=0 ;

END_IF;

SE Banco_2_Pri_ON = 0 ENTÃO

Banco_2_Sec_CB_M :=0 ;

END_IF;

SE Banco_3_Pri_ON = 0 ENTÃO

Banco_3_Sec_CB_M :=0 ;

END_IF;

SE Banco_4_Pri_ON = 0 ENTÃO

Banco_4_Seg_CB_M :=0 ;

END_IF;
```

B.   PROTECÇÃO DIFERENCIAL PARA BANCOS DE TRANSFORMADORES

SE B_1_P_D_F=1 ENTÃO

B_1_Pri_ON_CMD:=0;

END_IF;

SE B_1_S_D_F=1 ENTÃO

B_1_Sec_ON_CMD:=0;

END_IF;

SE B_2_P_D_F=1 ENTÃO

B_2_Pri_ON_CMD:=0;

END_IF;

SE B_2_S_D_F=1 ENTÃO

B_2_Sec_ON_CMD:=0;

END_IF;

SE B_3_P_D_F=1 ENTÃO

B_3_Pri_ON_CMD:=0;

END_IF;

SE B_3_S_D_F=1 ENTÃO

B_3_Sec_ON_CMD:=0;

END_IF;

SE B_4_P_D_F=1 ENTÃO

B_4_Pri_ON_CMD:=0;

END_IF;

SE B_4_S_D_F=1 ENTÃO

B_4_Sec_ON_CMD:=0;

END_IF;

C.   ALIMENTADORES

SE U_Paing_33kV_CB_M =0 ENTÃO

U_Paing_33kV_ON_M :=0;

END_IF;

IF Alimentação_Para_U_Paing_33kV =0 THEN

U_Paing_33kV_ON_M :=0 ;

END_IF;

SE Mitsui_33kV_CB_M =0 ENTÃO

Mitsui_33kV_ON_M :=0;

END_IF;

IF Supply_To_Mitsui =0 THEN Mitsui_33kV_ON_M :=0 ;

END_IF;

SE MitsuiNew_33kV_CB_M =0 ENTÃO

MitsuiNew_33kV_ON_M :=0;

END_IF;

IF Supply_To_MitsuiNew =0 THEN

MitsuiNew_33kV_ON_M :=0 ;

END_IF;

IF KyetPhyuKan_33kV_CB_M =0 THEN

KyetPhyuKan_33kV_ON_M :=0;

END_IF;

IF Supply_To_KyetPhyuKan =0 THEN

KyetPhyuKan_33kV_ON_M :=0 ;

END_IF;

SE HTY_1_33kV_CB_M =0 ENTÃO

HTY_1_33kV_ON_M :=0;

END_IF;

IF Supply_To_HTY_1 =0 THEN

HTY_1_33kV_ON_M :=0 ;

```
END_IF;

SE KhineKhine_33kV_CB_M =0 ENTÃO

KhineKhine_33kV_ON_M:=0;

END_IF;

IF Supply_To_KhineKhine =0 THEN

KhineKhine_33kV_ON_M :=0 ;

END_IF;

IF Myawady_33kV_CB_M =0 THEN

Myawady_33kV_ON_M :=0;

END_IF;

IF Supply_To_Myawady =0 THEN

Myawady_33kV_ON_M :=0 ;

END_IF;

SE Hlaegu_33kV_CB_M =0 ENTÃO

Hlaegu_33kV_ON_M :=0;

END_IF;

IF Supply_To_Hlaegu =0 THEN

Hlaegu_33kV_ON_M :=0 ;

END_IF;

IF Shwepyithar_33kV_CB_M =0 THEN

Shwepyithar_33kV_ON_M :=0;

END_IF;

IF Supply_To_Shwepyithar =0 THEN Shwepyithar_33kV_ON_M :=0 ;

END_IF;

IF Ahtayu_33kV_CB_M =0 THEN

Ahtayu_33kV_ON_M :=0;

END_IF;
```

```
IF Supply_To_Ahtayu =0 THEN

Ahtayu_33kV_ON_M :=0 ;

END_IF;

SE Pale_33kV_CB_M =0 ENTÃO

Pale_33kV_ON_M :=0;

END_IF;

IF Supply_To_Pale =0 THEN

Pale_33kV_ON_M :=0 ;

END_IF;

IF Mile_14th_33kV_CB_M =0 THEN

Milha_14ª_33kV_ON_M :=0;

END_IF;

IF Supply_To_Mile_14th =0 THEN

Milha_14ª_33kV_ON_M :=0 ;

END_IF;

IF ShweLinBan_33kV_CB_M =0 THEN

ShweLinBan_33kV_ON_M :=0;

END_IF;

IF Supply_To_ShweLinBan =0 THEN ShweLinBan_33kV_ON_M :=0 ;

END_IF;

SE HTY_2_33kV_CB_M =0 ENTÃO

HTY_2_33kV_ON_M :=0;

END_IF;

IF Supply_To_HTY_2 =0 THEN

HTY_2_33kV_ON_M :=0 ;

END_IF;

IF Ywama_Ba_33kV_CB_M =0 THEN
```

```
Ywama_Ba_33kV_ON_M :=0;

END_IF;

IF Supply_To_Ywama_Ba =0 THEN

Ywama_Ba_33kV_ON_M :=0 ;

END_IF;

IF Ywama_Bb_33kV_CB_M =0 THEN

Ywama_Bb_33kV_ON_M :=0;

END_IF;

IF Supply_To_Ywama_Bb =0 THEN

Ywama_Bb_33kV_ON_M :=0 ;

END_IF;

IF CocaCola_33kV_CB_M =0 THEN

CocaCola_33kV_ON_M :=0;

END_IF;

IF Supply_To_CocaCola =0 THEN

CocaCola_33kV_ON_M :=0 ;

END_IF;

SE MYG_Aa_33kV_CB_M =0 ENTÃO

MYG_Aa_33kV_ON_M :=0;

END_IF;

IF Supply_To_MYG_Aa =0 THEN

MYG_Aa_33kV_ON_M :=0 ;

END_IF;

IF MYG_Ab_33kV_CB_M =0 THEN

MYG_Ab_33kV_ON_M :=0;

END_IF;

IF Supply_To_MYG_Ab =0 THEN MYG_Ab_33kV_ON_M :=0 ;
```

END_IF;

D.   INSTALAÇÃO ACTUAL DE BANCOS DE TRANSFORMADORES

IF TYG_B_ON = 1 and THARYAGONE_Timer_on THEN THARGONE_Crt_Range := THARGONE_Crt_Range+ 10.0 ; End_if;

IF TYG_B_ON = 0 e THARYAGONE_Timer_on THEN THARGONE_Crt_Range :=0.0;

END_IF;

IF SHD_B_ON =1 e SHWEDAUNG_TIMER_ON THEN SHWEDAUNG_Crt_Range := I_Bank - THARGONE_Crt;

END_IF;

IF SHD_B_ON =0 e SHWEDAUNG_TIMER_ON THEN SHWEDAUNG_Crt_RANGE :=0.0;

END_IF;

IF TKT_B_ON = 1 e TKT_Timer_on THEN TKT_Crt_Range := TKT_Crt_Range+ 10.0 ;

Fim_se;

IF TKT_B_ON = 0 e TKT_Timer_on THEN TKT_Crt_Range :=0.0;

END_IF;

IF Bank_1_Pri_ON = 1 and Bank_1_Pri_Timer_on THEN Bank_1_Pri_Crt_Range := Bank_1_Pri_Crt_1 + 5.0 ;

Fim_se;

IF Bank_1_Pri_ON = 0 and Bank_1_Pri_Timer_on THEN Bank_1_Pri_Crt_Range := 0.0 ;

Fim_se;

IF Bank_1_Pri_OC_Set > 250 THEN

Falha do banco_1_Pri_LL:= 1 ;

Fim_se;

IF Banco_1_Pri_OC_Set < 250 THEN

Falha do banco_1_Pri_LL:= 0 ;

Fim_se;

SE Banco_2_Pri_ON = 1 e Banco_2_Pri_Timer_on ENTÃO

Banco_2_Pri_Crt_Range := Banco_2_Pri_Crt_1 + 5,0 ;

Fim_se;

IF Bank_2_Pri_ON = 0 e Bank_2_Pri_Timer_on THEN

Banco_2_Pri_Crt_Range := 0.0 ;

Fim_se;

IF Banco_2_Pri_OC_Set > 250 THEN

Falha_do_banco_2_Pri_LL:= 1 ;

Fim_se;

IF Banco_2_Pri_OC_Set < 250 THEN

Falha_do_banco_2_Pri_LL:= 0 ;

Fim_se;

SE Banco_3_Pri_ON = 1 e Banco_3_Pri_Timer_on ENTÃO

Banco_3_Pri_Crt_Range := Banco_3_Pri_Crt_1 + 5,0 ;

Fim_se;

SE Banco_3_Pri_ON = 0 e Banco_3_Pri_Timer_on ENTÃO

Banco_3_Pri_Crt_Range := 0.0 ;

Fim_se;

IF Banco_3_Pri_OC_Set > 150 THEN

Falha_do_banco_3_Pri_LL:= 1 ;

Fim_se;

IF Banco_3_Pri_OC_Set < 150 THEN

Falha_do_banco_3_Pri_LL:= 0 ;

Fim_se;

SE Banco_4_Pri_ON = 1 e Banco_4_Pri_Timer_on ENTÃO

Banco_4_Pri_Crt_Range := Banco_4_Pri_Crt_1 + 5,0 ;

Fim_se;

SE Banco_4_Pri_ON = 0 e Banco_4_Pri_Timer_on ENTÃO

Banco_4_Pri_Crt_Range := 0.0 ;

Fim_se;

IF Banco_4_Pri_OC_Set > 250 THEN

Falha_do_banco_4_Pri_LL:= 1 ;

Fim_se;

IF Banco_4_Pri_OC_Set < 250 THEN

Falha_do_banco_4_Pri_LL:= 0 ;

Fim_se;

IF Bank_1_ON = 1 and Bank_1_Sec_Timer_on THEN Bank_1_Sec_Crt_Range := (Bank_1_Pri_Crt_1 + 5.0) * 6.95 ;

Fim_se;

IF Bank_1_ON = 0 e Bank_1_Sec_Timer_on THEN

Banco_1_Seg_Crt_Range := 0,0;

Fim_se;

IF Bank_1_ON = 0 e Bank_1_Sec_Timer_on THEN

Banco_1_Sec_Crt_1 := 0,0;

Fim_se;

IF Bank_1_ON = 0 e Bank_1_Sec_Timer_on THEN

Banco_1_Sec_Crt_2 := 0,0;

Fim_se;

IF Bank_1_Sec_OC_Set > 1500 THEN

Falha do banco_1_Sec_LL:= 1 ;

Fim_se;

IF Bank_1_Sec_OC_Set < 1500 THEN

Falha do banco_1_Sec_LL:= 0 ;

Fim_se;

IF Bank_2_ON = 1 e Bank_2_Sec_Timer_on THEN

Intervalo_do_banco_2_Sec_Crt := (Banco_2_Pri_Crt_1 + 5,0) * 6,95 ;

Fim_se;

IF Bank_2_ON = 0 e Bank_2_Sec_Timer_on THEN

Intervalo_do_banco_2_sec_Crt := 0,0;

Fim_se;

IF Bank_2_ON = 0 e Bank_2_Sec_Timer_on THEN

Banco_2_Sec_Crt_1 := 0,0;

Fim_se;

IF Bank_2_ON = 0 e Bank_2_Sec_Timer_on THEN

Banco_2_Sec_Crt_2 := 0,0;

Fim_se;

IF Bank_2_Sec_OC_Set > 1500 THEN

Falha_do_banco_2_sec_LL:= 1 ;

Fim_se;

IF Bank_2_Sec_OC_Set < 1500 THEN

Falha_do_banco_2_sec_LL:= 0 ;

Fim_se;

IF Bank_3_ON = 1 and Bank_3_Sec_Timer_on THEN Bank_3_Sec_Crt_Range := (Bank_3_Pri_Crt_1 + 5.0) * 3.48 ;

Fim_se;

IF Bank_3_ON = 0 e Bank_3_Sec_Timer_on THEN

Intervalo_do_banco_3_sec_Crt := 0,0;

Fim_se;

IF Bank_3_ON = 0 e Bank_3_Sec_Timer_on THEN

Banco_3_Sec_Crt_1 := 0,0;

Fim_se;

IF Bank_3_Sec_OC_Set > 525 THEN

Falha_do_banco_3_sec_LL:= 1 ;

Fim_se;

IF Bank_3_Sec_OC_Set < 525 THEN

Falha_do_banco_3_sec_LL:= 0 ;

Fim_se;

IF Bank_4_ON = 1 and Bank_4_Sec_Timer_on THEN Bank_4_Sec_Crt_Range := (Bank_4_Pri_Crt_1 + 5.0) * 6.95 ;

Fim_se;

IF Bank_4_ON = 0 e Bank_4_Sec_Timer_on THEN

Intervalo_do_banco_4_sec_Crt := 0,0;

Fim_se;

IF Bank_4_ON = 0 e Bank_4_Sec_Timer_on THEN

Banco_4_Sec_Crt_1 := 0,0;

Fim_se;

IF Bank_4_ON = 0 e Bank_4_Sec_Timer_on THEN

Banco_4_Seg_Crt_2 := 0,0;

Fim_se;

IF Bank_4_Sec_OC_Set > 1900 THEN

Falha_do_banco_4_sec_LL:= 1 ;

Fim_se;

IF Bank_4_Sec_OC_Set < 1900 THEN

Falha_do_banco_4_sec_LL:= 0 ;

Fim_se;

E.   regulação da corrente dos alimentadores de 33kV_BUS_A

SE HTY_2_33kV_ON_M = 1 e HTY_2_Timer_on ENTÃO

HTY_2_Crt_Range := HTY_2_Crt + 15 ;

Fim_se;

SE HTY_2_33kV_ON_M = 0 e HTY_2_Timer_on ENTÃO

HTY_2_Crt_Range := 0 ;

Fim_se;

SE HTY_2_OC_Set > 560 ENTÃO

HTY_2_1L_Fault:= 1 ;

Fim_se;

SE HTY_2_OC_Set < 560 ENTÃO

HTY_2_1L_Fault:= 0 ;

Fim_se;

SE Ywama_Ba_33kV_ON_M = 1 e Ywama_Ba_Timer_on ENTÃO

Y   wama_Ba_Crt_Range := Ywama_Ba_Crt + 15 ;

Fim_se;

SE Ywama_Ba_33kV_ON_M = 0 e Ywama_Ba_Timer_on ENTÃO

Y   wama_Ba_Crt_Range := 0 ;

Fim_se;

SE Ywama_Ba_OC_Set > 600 ENTÃO

Y   wama_Ba_1L_Fault:= 1 ;

Fim_se;

SE Ywama_Ba_OC_Set < 600 ENTÃO

Y   wama_Ba_1L_Fault:= 0 ;

Fim_se;

SE Ywama_Bb_33kV_ON_M = 1 e Ywama_Bb_Timer_on ENTÃO

Y   wama_Bb_Crt_Range := Ywama_Bb_Crt + 15.0 ;

Fim_se;

IF Ywama_Bb_33kV_ON_M = 0 e Ywama_Bb_Timer_on THEN

Y   wama_Bb_Crt_Range := 0.0 ;

Fim_se;

SE Ywama_Bb_OC_Set > 600 ENTÃO

Y   wama_Bb_1L_Fault:= 1 ;

Fim_se;

SE Ywama_Bb_OC_Set < 600 ENTÃO

Ywama_Bb_1L_Fault:= 0 ;

Fim_se;

IF CocaCola_33kV_ON_M = 1 e CocaCola_Timer_on THEN

CocaCola_Crt_Range := CocaCola_Crt + 15 ;

Fim_se;

IF CocaCola_33kV_ON_M = 0 e CocaCola_Timer_on THEN

CocaCola_Crt_Range := 0 ;

Fim_se;

SE CocaCola_OC_Set > 180 ENTÃO

CocaCola_1L_Fault:= 1 ;

Fim_se;

SE CocaCola_OC_Set < 180 ENTÃO

CocaCola_1L_Fault:= 0 ;

Fim_se;

SE MYG_Aa_33kV_ON_M = 1 e MYG_Aa_Timer_on ENTÃO

MYG_Aa_Crt_Range := MYG_Aa_Crt + 15 ;

Fim_se;

SE MYG_Aa_33kV_ON_M = 0 e MYG_Aa_Timer_on ENTÃO

MYG_Aa_Crt_Range := 0 ;

Fim_se;

IF MYG_Aa_OC_Set > 400 THEN

MYG_Aa_1L_Fault:= 1 ;

Fim_se;

IF MYG_Aa_OC_Set < 400 THEN

MYG_Aa_1L_Fault:= 0 ;

Fim_se;

SE MYG_Ab_33kV_ON_M = 1 e MYG_Ab_Timer_on ENTÃO

MYG_Ab_Crt_Range := MYG_Ab_Crt + 15 ;

Fim_se;

IF MYG_Ab_33kV_ON_M = 0 e MYG_Ab_Timer_on THEN

MYG_Ab_Crt_Range := 0 ;

Fim_se;

IF MYG_Ab_OC_Set > 400 THEN

MYG_Ab_1L_Fault:= 1 ;

Fim_se;

SE MYG_Ab_OC_Set < 400 ENTÃO

MYG_Ab_1L_Fault:= 0 ;

Fim_se;

F. regulação da corrente dos alimentadores de 33kV_BUS_B

SE HTY_2_33kV_ON_M = 1 e HTY_2_Timer_on ENTÃO

HTY_2_Crt_Range := HTY_2_Crt + 15 ;

Fim_se;

SE HTY_2_33kV_ON_M = 0 e HTY_2_Timer_on ENTÃO

HTY_2_Crt_Range := 0 ;

Fim_se;

SE HTY_2_OC_Set > 560 ENTÃO

HTY_2_1L_Fault:= 1 ;

Fim_se;

SE HTY_2_OC_Set < 560 ENTÃO

HTY_2_1L_Fault:= 0 ;

```
Fim_se;

SE Ywama_Ba_33kV_ON_M = 1 e Ywama_Ba_Timer_on ENTÃO

Ywama_Ba_Crt_Range := Ywama_Ba_Crt + 15 ;

Fim_se;

IF Ywama_Ba_33kV_ON_M = 0 e Ywama_Ba_Timer_on THEN

Ywama_Ba_Crt_Range := 0 ;

Fim_se;

SE Ywama_Ba_OC_Set > 600 ENTÃO

Y    wama_Ba_1L_Fault:= 1 ;

Fim_se;

SE Ywama_Ba_OC_Set < 600 ENTÃO

Y    wama_Ba_1L_Fault:= 0 ;

Fim_se;

SE Ywama_Bb_33kV_ON_M = 1 e Ywama_Bb_Timer_on ENTÃO

Y    wama_Bb_Crt_Range := Ywama_Bb_Crt + 15.0 ;

Fim_se;

IF Ywama_Bb_33kV_ON_M = 0 e Ywama_Bb_Timer_on THEN

Y    wama_Bb_Crt_Range := 0.0 ;

Fim_se;

SE Ywama_Bb_OC_Set > 600 ENTÃO

Y    wama_Bb_1L_Fault:= 1 ;

Fim_se;

SE Ywama_Bb_OC_Set < 600 ENTÃO

Ywama_Bb_1L_Fault:= 0 ;

Fim_se;

IF CocaCola_33kV_ON_M = 1 e CocaCola_Timer_on THEN

CocaCola_Crt_Range := CocaCola_Crt + 15 ;
```

Fim_se;

IF CocaCola_33kV_ON_M = 0 e CocaCola_Timer_on THEN

CocaCola_Crt_Range := 0 ;

Fim_se;

IF CocaCola_OC_Set > 180 THEN

CocaCola_1L_Fault:= 1 ;

Fim_se;

IF CocaCola_OC_Set < 180 THEN

CocaCola_1L_Fault:= 0 ;

Fim_se;

SE MYG_Aa_33kV_ON_M = 1 e MYG_Aa_Timer_on ENTÃO

MYG_Aa_Crt_Range := MYG_Aa_Crt + 15 ;

Fim_se;

IF MYG_Aa_33kV_ON_M = 0 e MYG_Aa_Timer_on THEN

MYG_Aa_Crt_Range := 0 ;

Fim_se;

IF MYG_Aa_OC_Set > 400 THEN

MYG_Aa_1L_Fault:= 1 ;

Fim_se;

IF MYG_Aa_OC_Set < 400 THEN

MYG_Aa_1L_Fault:= 0 ;

Fim_se;

SE MYG_Ab_33kV_ON_M = 1 e MYG_Ab_Timer_on ENTÃO

MYG_Ab_Crt_Range := MYG_Ab_Crt + 15 ;

Fim_se;

IF MYG_Ab_33kV_ON_M = 0 e MYG_Ab_Timer_on THEN

MYG_Ab_Crt_Range := 0 ;

Fim_se;

IF MYG_Ab_OC_Set > 400 THEN

MYG_Ab_1L_Fault:= 1 ;

Fim_se;

IF MYG_Ab_OC_Set < 400 THEN

MYG_Ab_1L_Fault:= 0 ;

Fim_se;

G. **MCP_1 E GT _1 E 2**

SE HTY_2_33kV_ON_M = 1 e HTY_2_Timer_on ENTÃO

HTY_2_Crt_Range := HTY_2_Crt + 15 ;

Fim_se;

SE HTY_2_33kV_ON_M = 0 e HTY_2_Timer_on ENTÃO

HTY_2_Crt_Range := 0 ;

Fim_se;

SE HTY_2_OC_Set > 560 ENTÃO

HTY_2_1L_Fault:= 1 ;

Fim_se;

SE HTY_2_OC_Set < 560 ENTÃO

HTY_2_1L_Fault:= 0 ;

Fim_se;

SE Ywama_Ba_33kV_ON_M = 1 e Ywama_Ba_Timer_on ENTÃO

Y   wama_Ba_Crt_Range := Ywama_Ba_Crt + 15 ;

Fim_se;

SE Ywama_Ba_33kV_ON_M = 0 e Ywama_Ba_Timer_on ENTÃO

Y   wama_Ba_Crt_Range := 0 ;

Fim_se;

SE Ywama_Ba_OC_Set > 600 ENTÃO

Y   wama_Ba_1L_Fault:= 1 ;

Fim_se;

SE Ywama_Ba_OC_Set < 600 ENTÃO

Y   wama_Ba_1L_Fault:= 0 ;

Fim_se;

SE Ywama_Bb_33kV_ON_M = 1 e Ywama_Bb_Timer_on ENTÃO

Y   wama_Bb_Crt_Range := Ywama_Bb_Crt + 15.0 ;

Fim_se;

IF Ywama_Bb_33kV_ON_M = 0 e Ywama_Bb_Timer_on THEN

Y   wama_Bb_Crt_Range := 0.0 ;

Fim_se;

SE Ywama_Bb_OC_Set > 600 ENTÃO

Y   wama_Bb_1L_Fault:= 1 ;

Fim_se;

SE Ywama_Bb_OC_Set < 600 ENTÃO

Ywama_Bb_1L_Fault:= 0 ;

Fim_se;

IF CocaCola_33kV_ON_M = 1 e CocaCola_Timer_on THEN

CocaCola_Crt_Range := CocaCola_Crt + 15 ;

Fim_se;

IF CocaCola_33kV_ON_M = 0 e CocaCola_Timer_on THEN

CocaCola_Crt_Range := 0 ;

Fim_se;

SE CocaCola_OC_Set > 180 ENTÃO

CocaCola_1L_Fault:= 1 ;

Fim_se;

IF CocaCola_OC_Set < 180 THEN

CocaCola_1L_Fault:= 0 ;

Fim_se;

SE MYG_Aa_33kV_ON_M = 1 e MYG_Aa_Timer_on ENTÃO

MYG_Aa_Crt_Range := MYG_Aa_Crt + 15 ;

Fim_se;

SE MYG_Aa_33kV_ON_M = 0 e MYG_Aa_Timer_on ENTÃO

MYG_Aa_Crt_Range := 0 ;

Fim_se;

IF MYG_Aa_OC_Set > 400 THEN

MYG_Aa_1L_Fault:= 1 ;

Fim_se;

IF MYG_Aa_OC_Set < 400 THEN

MYG_Aa_1L_Fault:= 0 ;

Fim_se;

SE MYG_Ab_33kV_ON_M = 1 e MYG_Ab_Timer_on ENTÃO

MYG_Ab_Crt_Range := MYG_Ab_Crt + 15 ;

Fim_se;

IF MYG_Ab_33kV_ON_M = 0 e MYG_Ab_Timer_on THEN

MYG_Ab_Crt_Range := 0 ;

Fim_se;

IF MYG_Ab_OC_Set > 400 THEN

MYG_Ab_1L_Fault:= 1 ;

Fim_se;

SE MYG_Ab_OC_Set < 400 ENTÃO

MYG_Ab_1L_Fault:= 0 ;

Fim_se;

1. **MCP_2 E GT_3**

IF MCP_2_ON =1 e MCP_2_TIMER_ON THEN

MCP_2_CRT := (MCP_2_CUR *(1,0))-20,0 ;

END_IF;

IF MCP_2_ON =1 AND Bus_B_Source < CRT_33kV_BUS_B AND

MCP_2_TIMER_ON THEN

MCP_2_CRT:= (MCP_2_CUR *(-1,0))-20,0 ;

END_IF;

IF MCP_2_ON =0 e MCP_2_TIMER_ON THEN

MCP_2_CUR :=0.0;

END_IF;

SE MCP_2_CUR<(-600.0) ENTÃO

Shwepyithar_33kV_REMOTE_CMD :=1;

END_IF;

SE MCP_2_CUR<(-600.0) ENTÃO

Mile_14th_33kV_REMOTE_CMD :=1;

END_IF;

IF STG_ON =1 e STG_TIMER_ON THEN

STG_CRT_RANGE := STG_CRT_RANGE + 10.0 ;

END_IF;

PROGRAMA PLC PARA A DISTRIBUIÇÃO DE THARKAYTA E HLAWGA

SUBESTAÇÃO

DIAGRAMA DE BLOCOS DE FUNÇÕES (FBD)

I. THARKAYTA

1. MAPEAMENTO

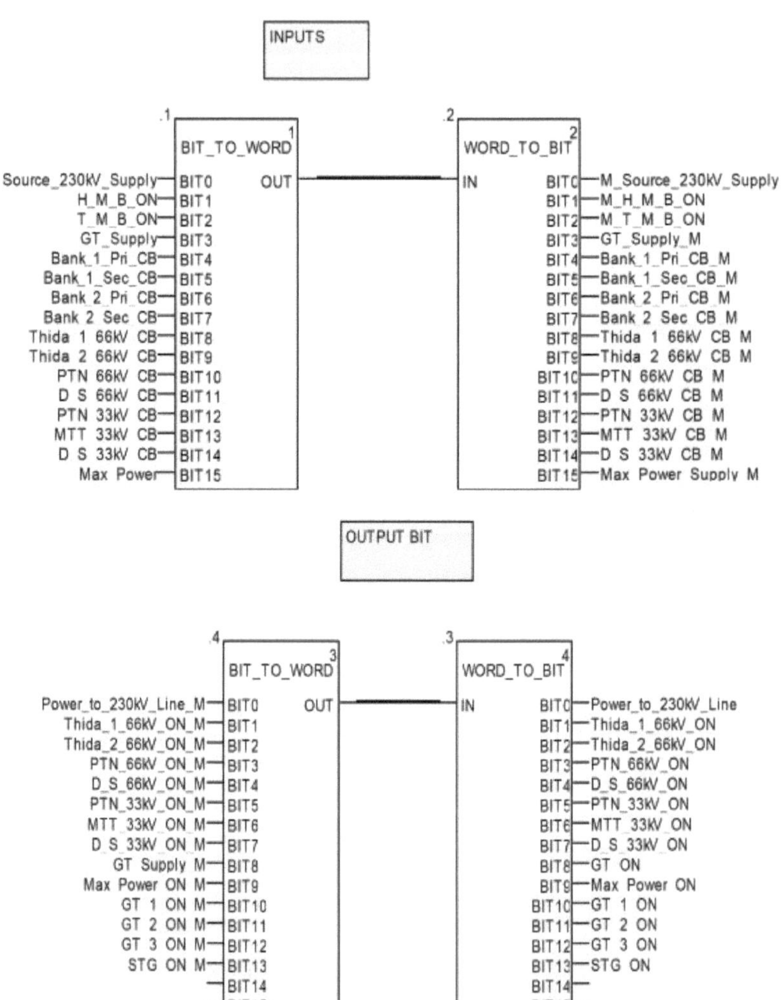

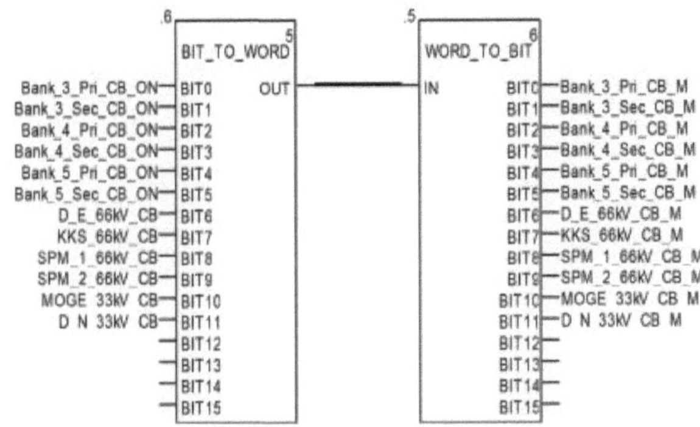

2. potência para alimentadores de 66kV

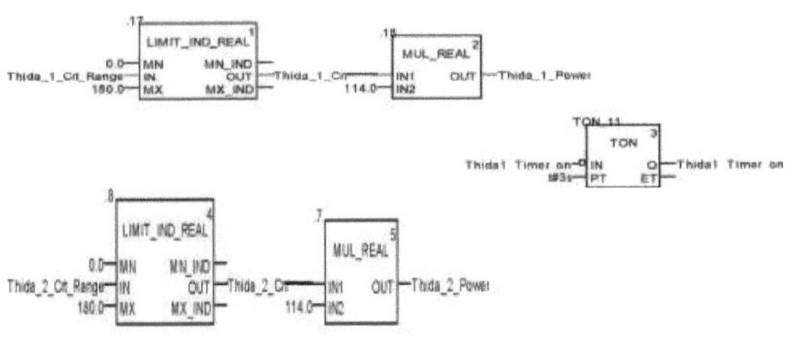

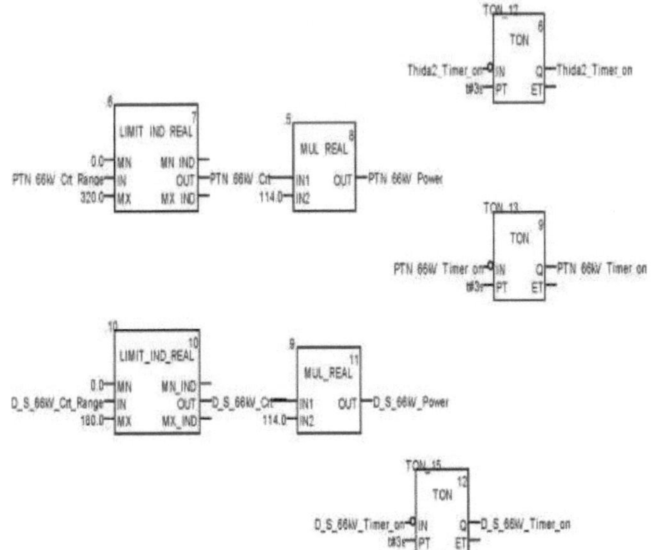

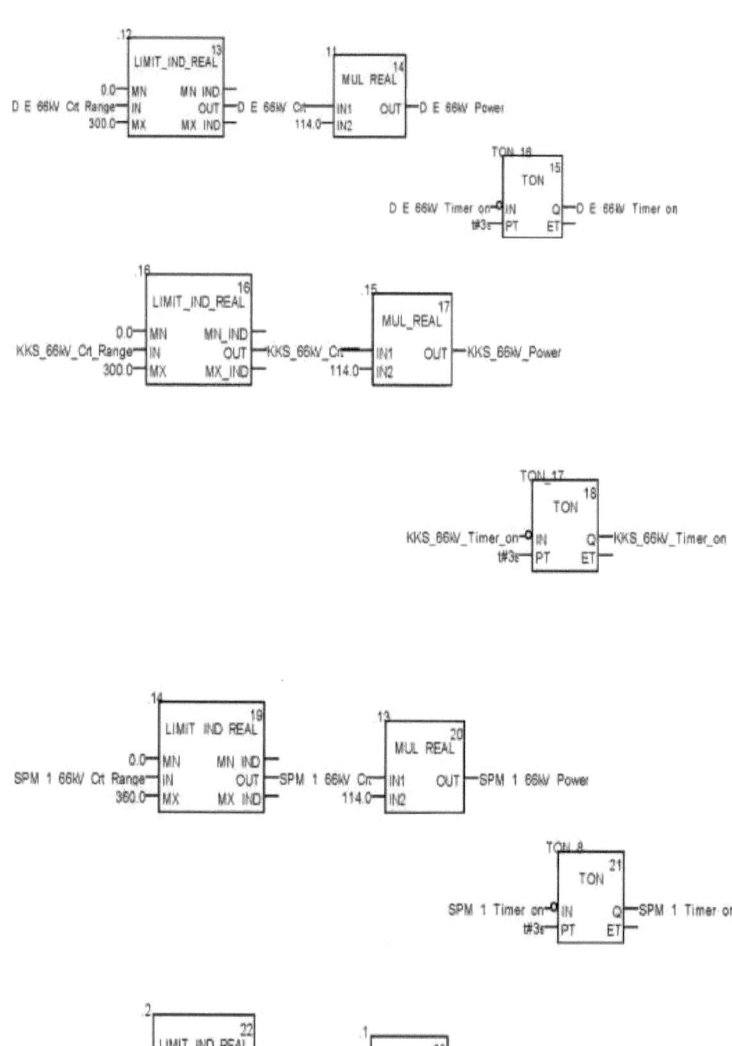

3. potência para alimentadores de 33kv

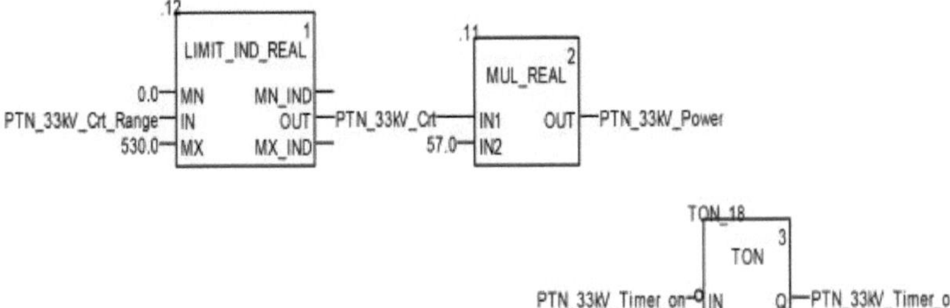

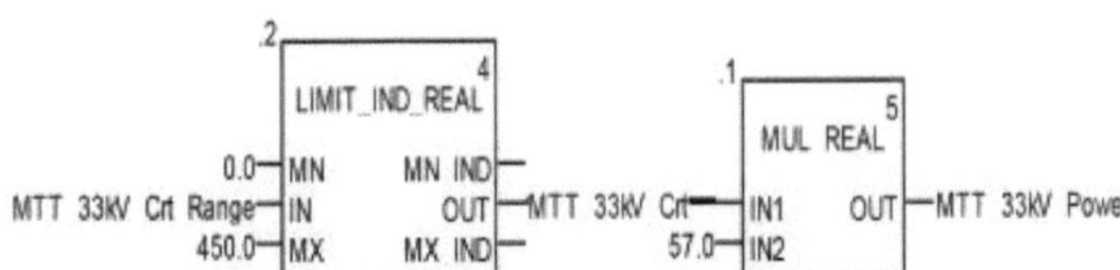

\

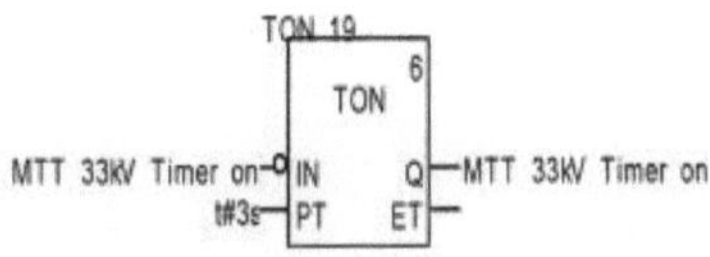

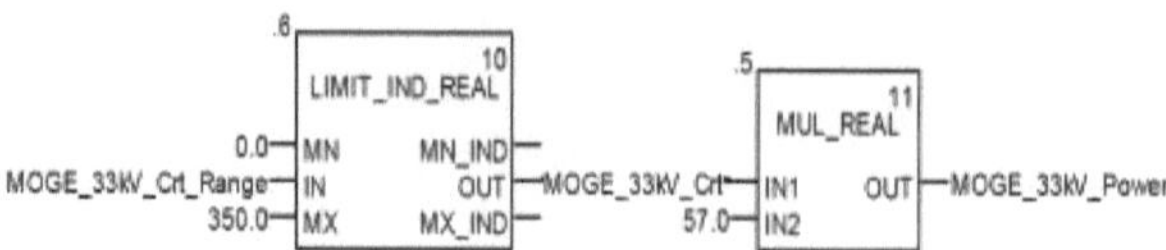

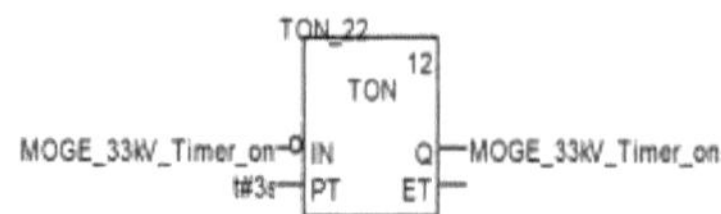

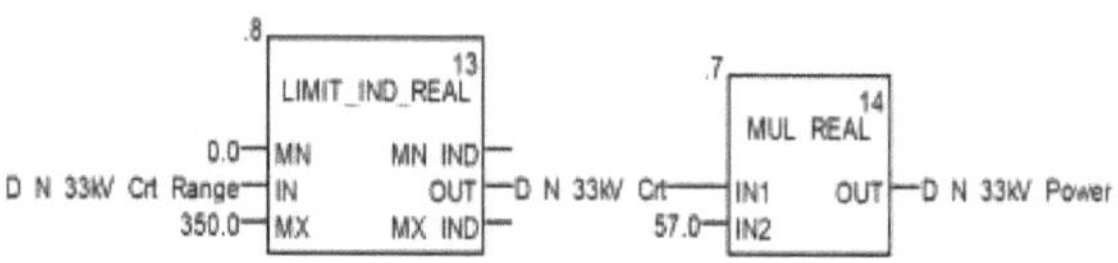

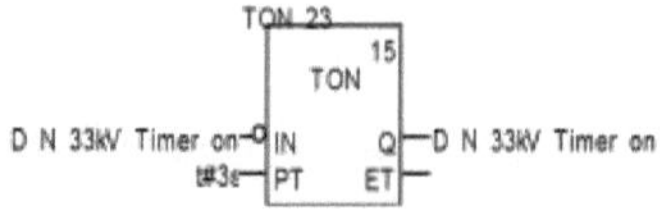

4.   POTÊNCIA PARA TRANSFORMADORES

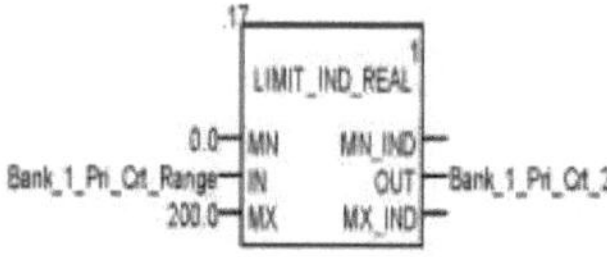

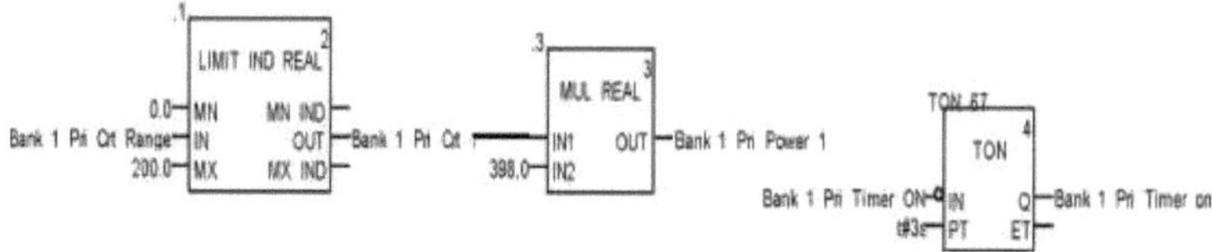

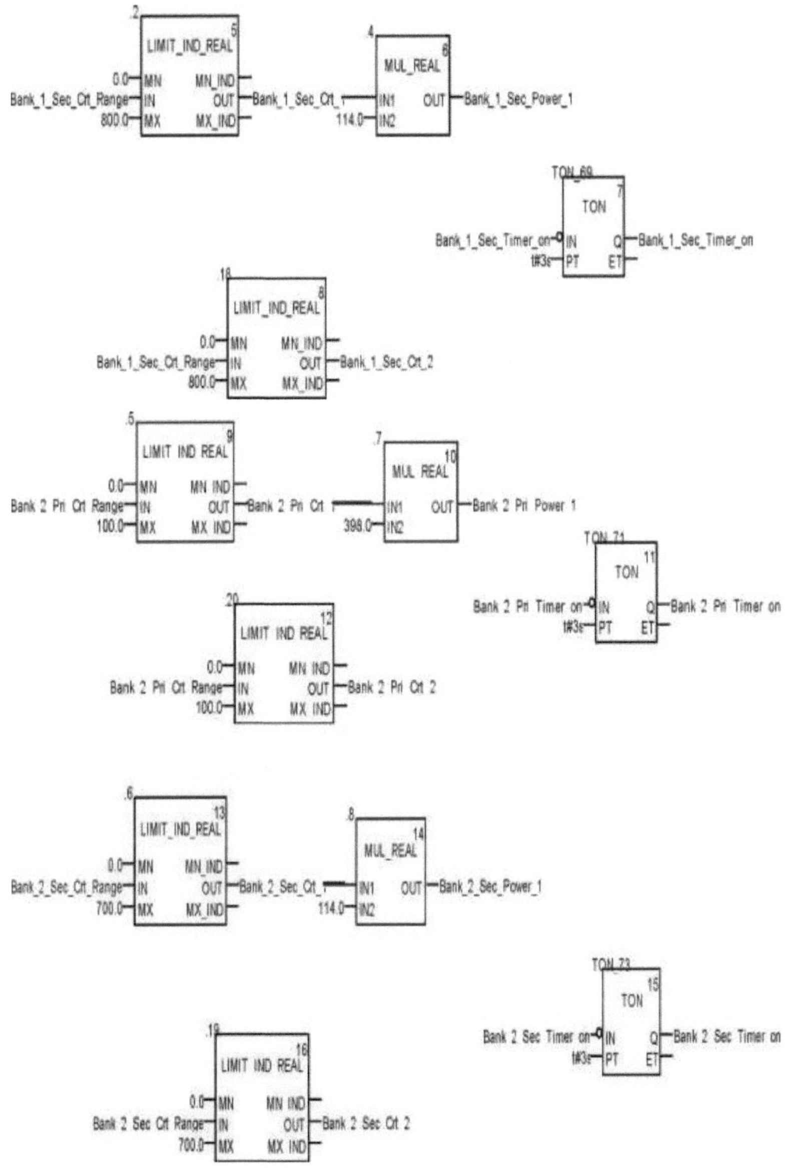
LIMIT_IND_REAL
0.0 MN   MN_IND
Bank_1_Sec_Crt_Range IN   OUT Bank_1_Sec_Crt_
800.0 MX   MX_IND
MUL_REAL
IN1   OUT Bank_1_Sec_Power_1
114.0 IN2
TON_69
TON
Bank_1_Sec_Timer_on IN   Q Bank_1_Sec_Timer_on
t#3s PT   ET
LIMIT_IND_REAL
0.0 MN   MN_IND
Bank_1_Sec_Crt_Range IN   OUT Bank_1_Sec_Crt_2
800.0 MX   MX_IND
LIMIT IND REAL
0.0 MN   MN IND
Bank 2 Pri Crt Range IN   OUT Bank 2 Pri Crt
100.0 MX   MX IND
MUL REAL
IN1   OUT Bank 2 Pri Power 1
398.0 IN2
TON_71
TON
Bank 2 Pri Timer on IN   Q Bank 2 Pri Timer on
t#3s PT   ET
LIMIT IND REAL
0.0 MN   MN IND
Bank 2 Pri Crt Range IN   OUT Bank 2 Pri Crt 2
100.0 MX   MX IND
LIMIT_IND_REAL
0.0 MN   MN_IND
Bank_2_Sec_Crt_Range IN   OUT Bank_2_Sec_Crt_
700.0 MX   MX_IND
MUL_REAL
IN1   OUT Bank_2_Sec_Power_1
114.0 IN2
TON_73
TON
Bank 2 Sec Timer on IN   Q Bank 2 Sec Timer on
t#3s PT   ET
LIMIT IND REAL
0.0 MN   MN IND
Bank 2 Sec Crt Range IN   OUT Bank 2 Sec Crt 2
700.0 MX   MX IND

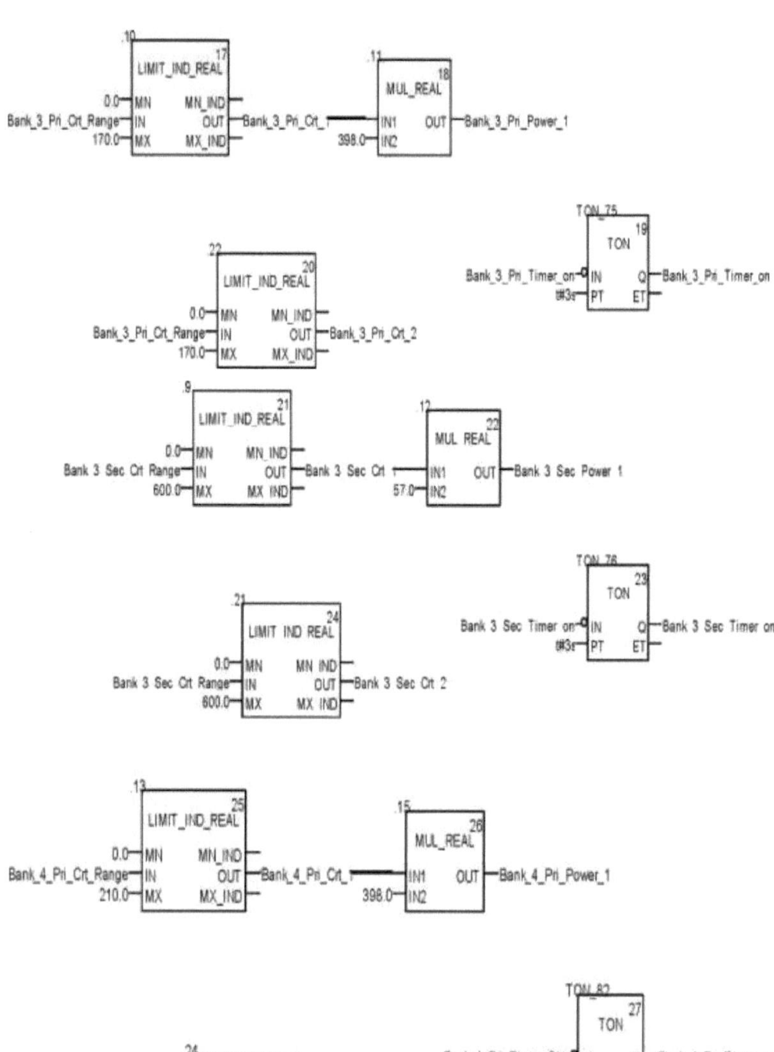

.10
LIMIT_IND_REAL
17
0.0 MN MN_IND
Bank_3_Pri_Crt_Range IN OUT Bank_3_Pri_Crt_1
170.0 MX MX_IND
.11
MUL_REAL
18
IN1 OUT Bank_3_Pri_Power_1
398.0 IN2
TON_75
TON
19
Bank_3_Pri_Timer_on IN Q Bank_3_Pri_Timer_on
t#3s PT ET
.22
LIMIT_IND_REAL
20
0.0 MN MN_IND
Bank_3_Pri_Crt_Range IN OUT Bank_3_Pri_Crt_2
170.0 MX MX_IND
.9
LIMIT_IND_REAL
21
0.0 MN MN_IND
Bank 3 Sec Crt Range IN OUT Bank 3 Sec Crt_1
600.0 MX MX IND
.12
MUL REAL
22
IN1 OUT Bank 3 Sec Power 1
57.0 IN2
.21
LIMIT IND REAL
24
0.0 MN MN IND
Bank 3 Sec Crt Range IN OUT Bank 3 Sec Crt 2
600.0 MX MX IND
TON 76
TON
23
Bank 3 Sec Timer on IN Q Bank 3 Sec Timer on
t#3s PT ET
.13
LIMIT_IND_REAL
25
0.0 MN MN_IND
Bank_4_Pri_Crt_Range IN OUT Bank_4_Pri_Crt_1
210.0 MX MX_IND
.15
MUL_REAL
26
IN1 OUT Bank_4_Pri_Power_1
398.0 IN2
TON_82
TON
27
Bank 4 Pri Timer ON IN Q Bank 4 Pri Timer on
t#3s PT ET
.24
LIMIT IND REAL
28
0.0 MN MN IND
Bank 4 Pri Crt Range IN OUT Bank 4 Pri Crt 2
210.0 MX MX IND

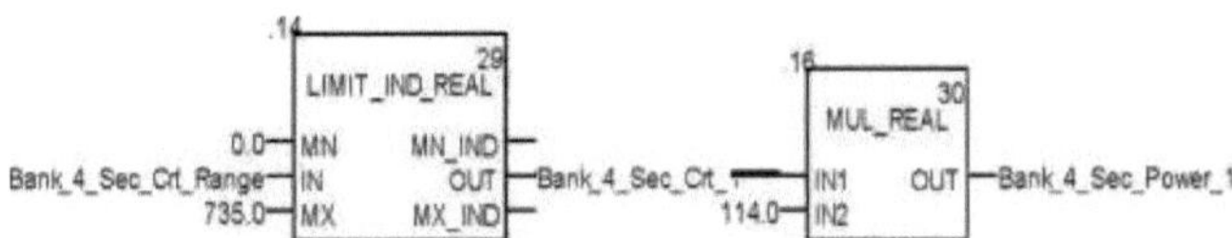
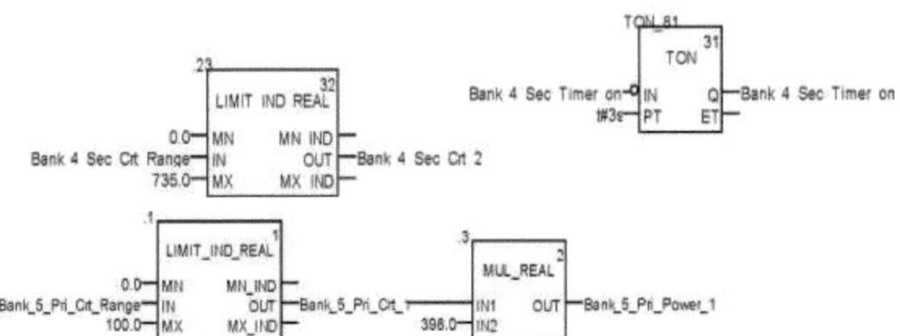
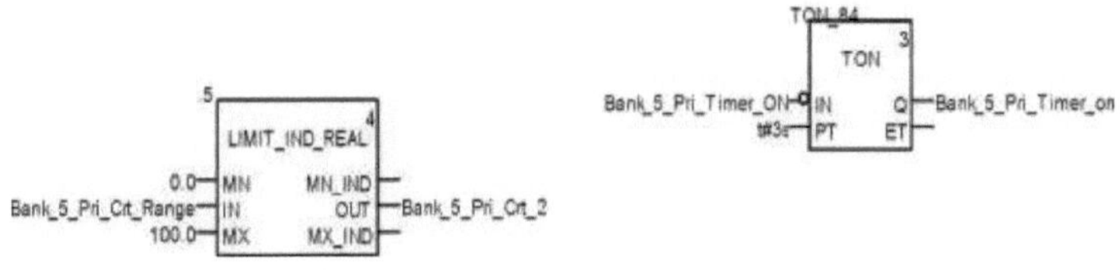
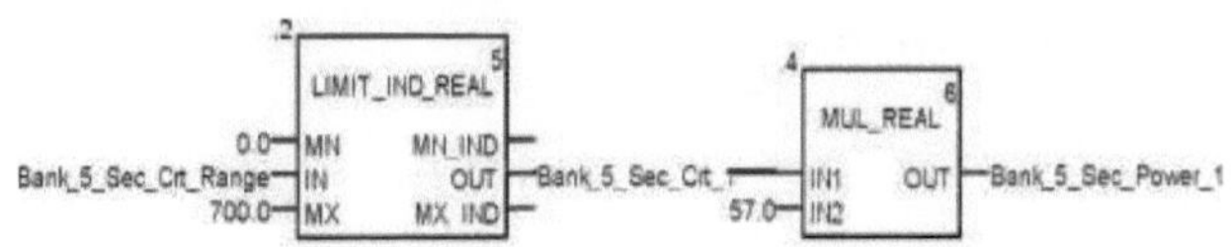

5.   regulação atual de 230kV

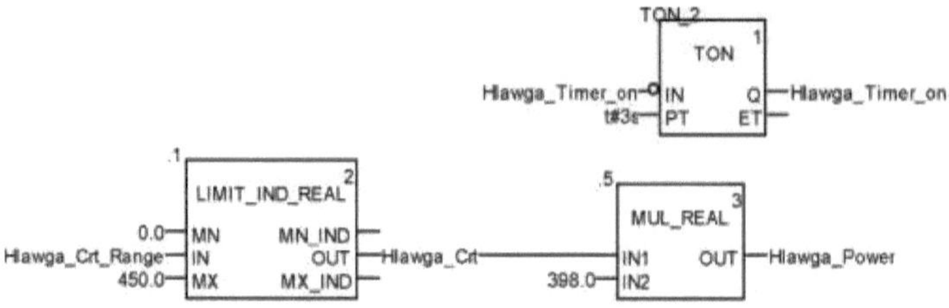

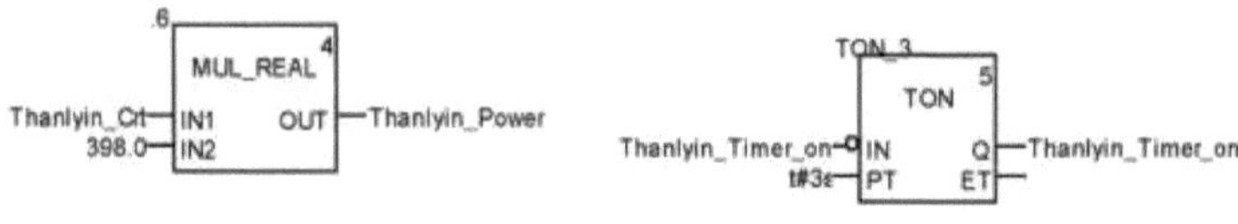

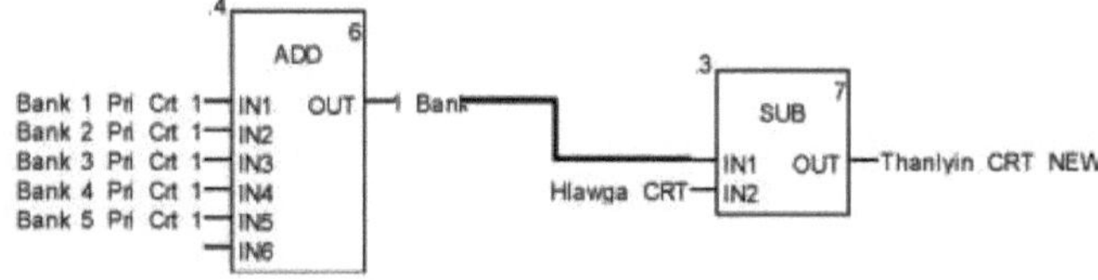

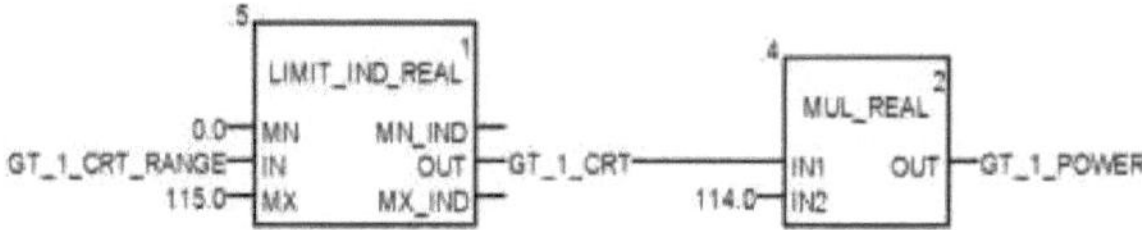

6.   POTÊNCIA PARA GT

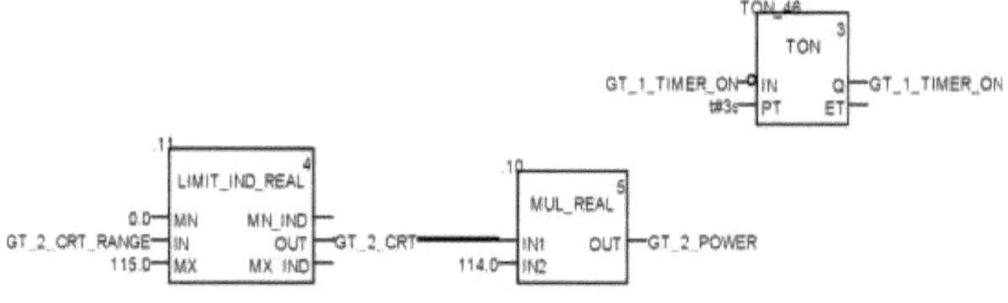

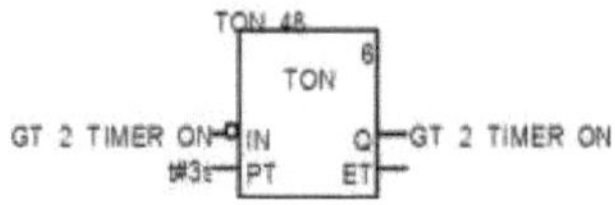

7. POTÊNCIA MÁXIMA

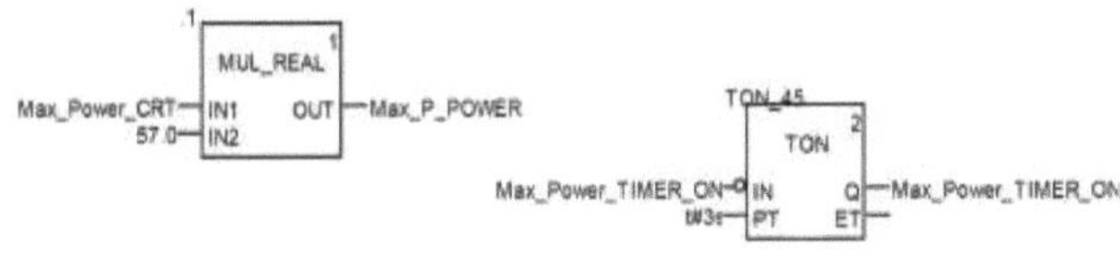

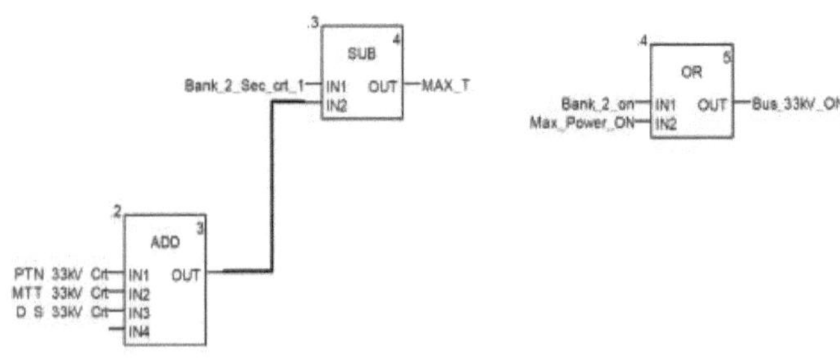

II. SUBESTAÇÃO DE DISTRIBUIÇÃO DE HLAWGA

1. MAPEAMENTO

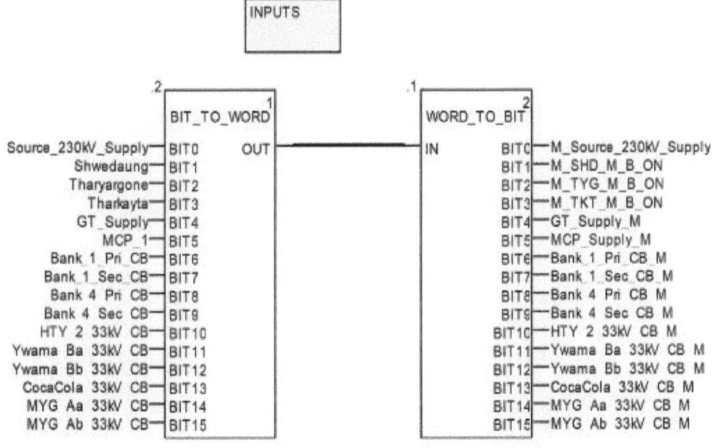

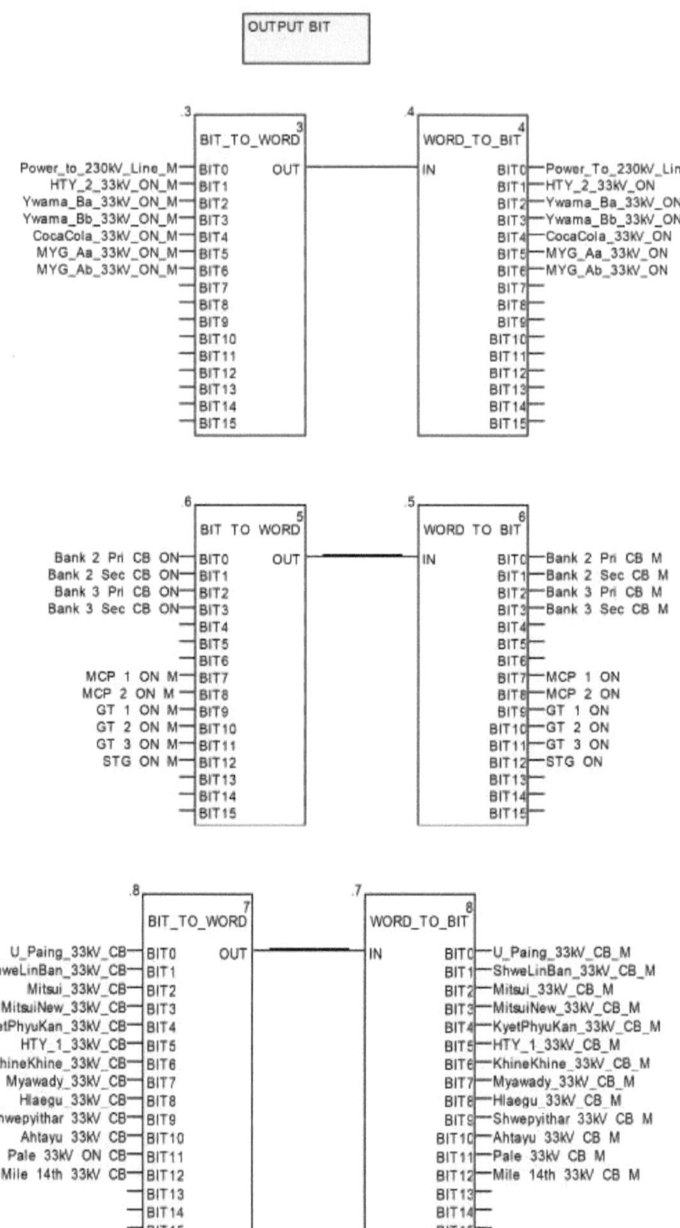

2. POTÊNCIA PARA O BARRAMENTO DE 33kV_ A

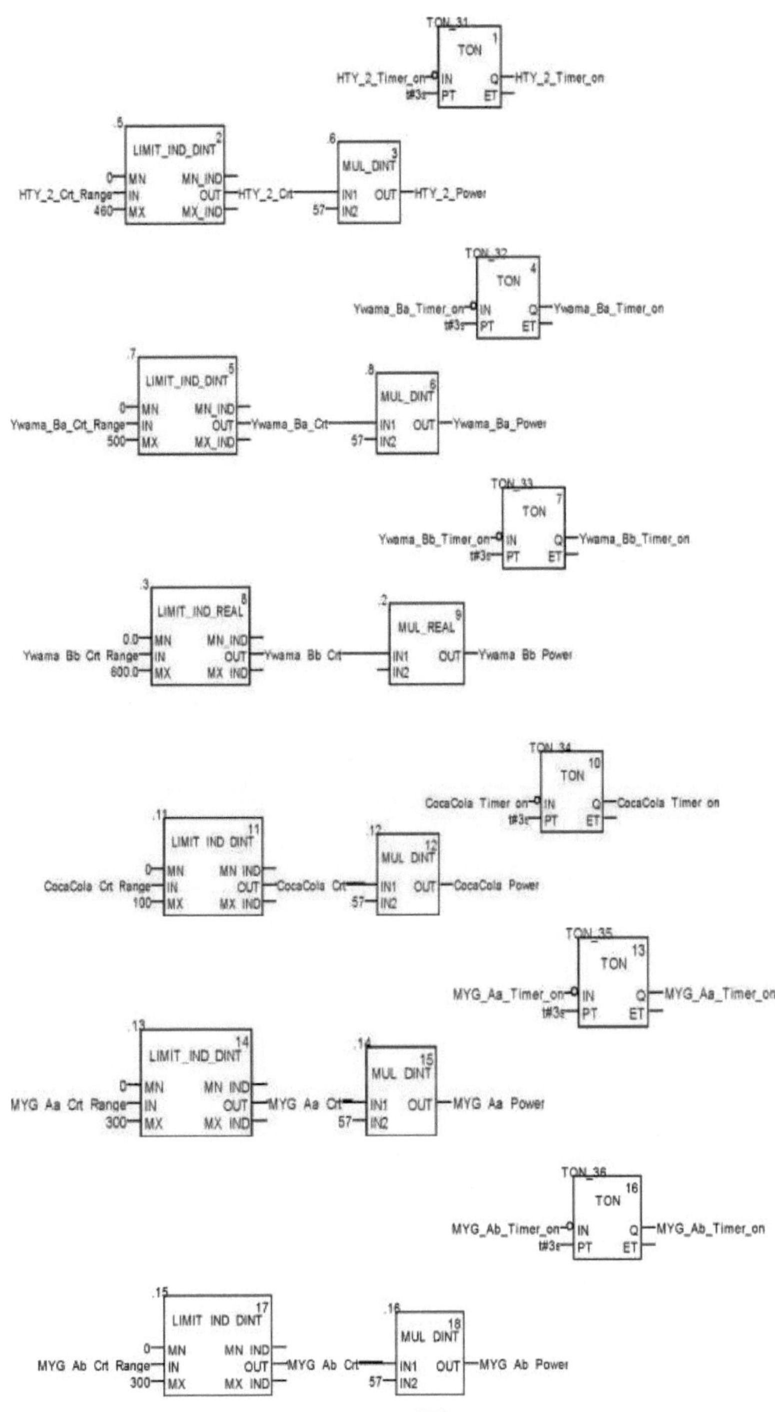

TON_31
TON
HTY_2_Timer_on IN
t#3s PT
Q HTY_2_Timer_on
ET

.5
LIMIT_IND_DINT
0 MN MN_IND
HTY_2_Crt_Range IN OUT HTY_2_Crt
460 MX MX_IND

.6
MUL_DINT
IN1 OUT HTY_2_Power
57 IN2

TON_32
TON
Ywama_Ba_Timer_on IN
t#3s PT
Q Ywama_Ba_Timer_on
ET

.7
LIMIT_IND_DINT
0 MN MN_IND
Ywama_Ba_Crt_Range IN OUT Ywama_Ba_Crt
500 MX MX_IND

.8
MUL_DINT
IN1 OUT Ywama_Ba_Power
57 IN2

TON_33
TON
Ywama_Bb_Timer_on IN
t#3s PT
Q Ywama_Bb_Timer_on
ET

.3
LIMIT_IND_REAL
0.0 MN MN_IND
Ywama Bb Crt Range IN OUT Ywama Bb Crt
600.0 MX MX_IND

.2
MUL_REAL
IN1 OUT Ywama Bb Power
IN2

TON_34
TON
CocaCola Timer on IN
t#3s PT
Q CocaCola Timer on
ET

.11
LIMIT IND DINT
0 MN MN IND
CocaCola Crt Range IN OUT CocaCola Crt
100 MX MX IND

.12
MUL DINT
IN1 OUT CocaCola Power
57 IN2

TON_35
TON
MYG_Aa_Timer_on IN
t#3s PT
Q MYG_Aa_Timer_on
ET

.13
LIMIT_IND_DINT
0 MN MN IND
MYG Aa Crt Range IN OUT MYG Aa Crt
300 MX MX IND

.14
MUL DINT
IN1 OUT MYG Aa Power
57 IN2

TON_36
TON
MYG_Ab_Timer_on IN
t#3s PT
Q MYG_Ab_Timer_on
ET

.15
LIMIT IND DINT
0 MN MN IND
MYG Ab Crt Range IN OUT MYG Ab Crt
300 MX MX IND

.16
MUL DINT
IN1 OUT MYG Ab Power
57 IN2

3. potência para o barramento de 33kv b

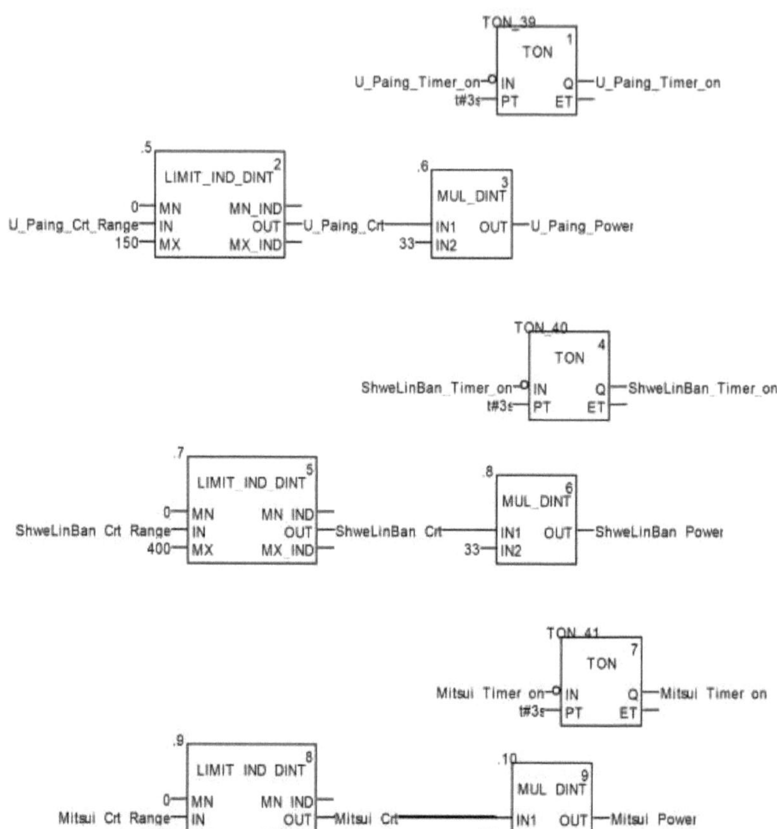

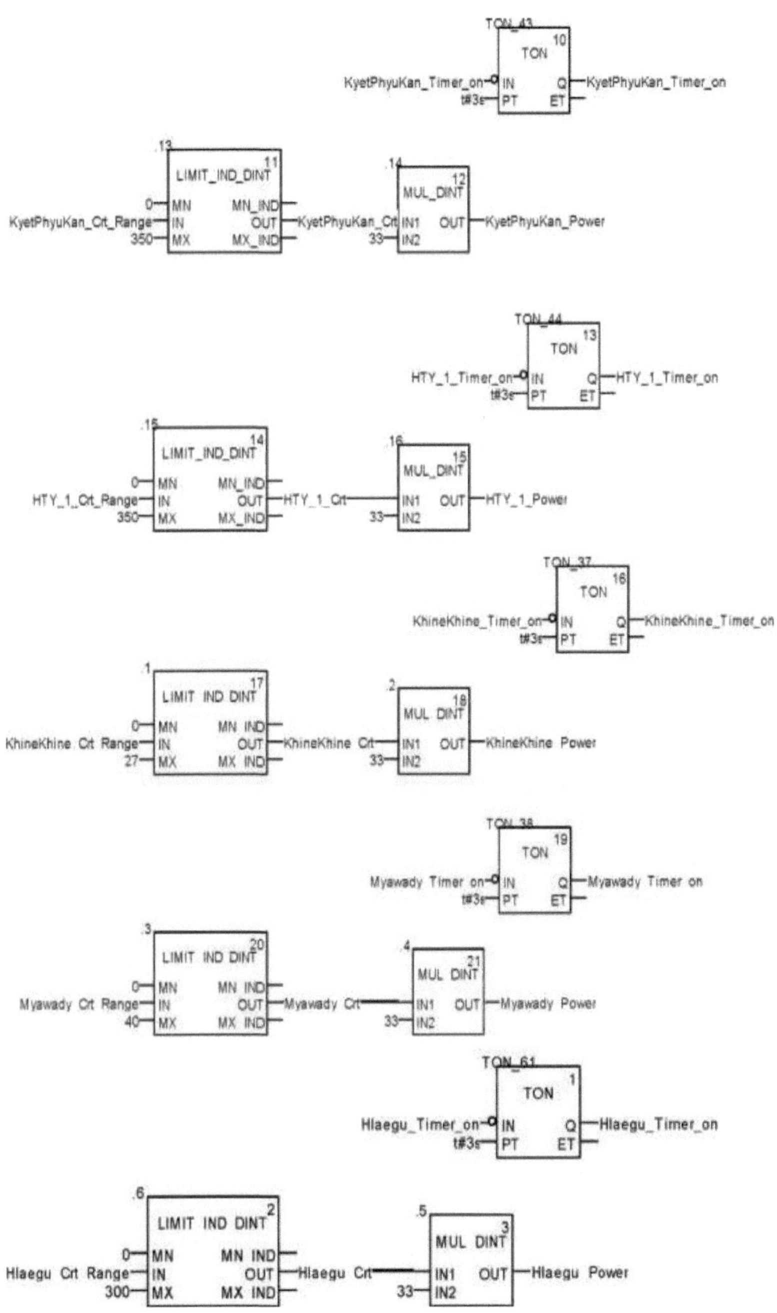

TON_43
TON 10
KyetPhyuKan_Timer_on IN Q KyetPhyuKan_Timer_on
t#3s PT ET
.13
LIMIT_IND_DINT 11
0 MN MN_IND
KyetPhyuKan_Crt_Range IN OUT KyetPhyuKan_Crt
350 MX MX_IND
.14
MUL_DINT 12
IN1 OUT KyetPhyuKan_Power
33 IN2
TON_44
TON 13
HTY_1_Timer_on IN Q HTY_1_Timer_on
t#3s PT ET
.15
LIMIT_IND_DINT 14
0 MN MN_IND
HTY_1_Crt_Range IN OUT HTY_1_Crt
350 MX MX_IND
.16
MUL_DINT 15
IN1 OUT HTY_1_Power
33 IN2
TON_37
TON 16
KhineKhine_Timer_on IN Q KhineKhine_Timer_on
t#3s PT ET
.1
LIMIT IND DINT 17
0 MN MN IND
KhineKhine Crt Range IN OUT KhineKhine Crt
27 MX MX IND
.2
MUL DINT 18
IN1 OUT KhineKhine Power
33 IN2
TON_38
TON 19
Myawady Timer on IN Q Myawady Timer on
t#3s PT ET
.3
LIMIT IND DINT 20
0 MN MN IND
Myawady Crt Range IN OUT Myawady Crt
40 MX MX IND
.4
MUL DINT 21
IN1 OUT Myawady Power
33 IN2
TON_61
TON 1
Hlaegu_Timer_on IN Q Hlaegu_Timer_on
t#3s PT ET
.6
LIMIT IND DINT 2
0 MN MN IND
Hlaegu Crt Range IN OUT Hlaegu Crt
300 MX MX IND
.5
MUL DINT 3
IN1 OUT Hlaegu Power
33 IN2

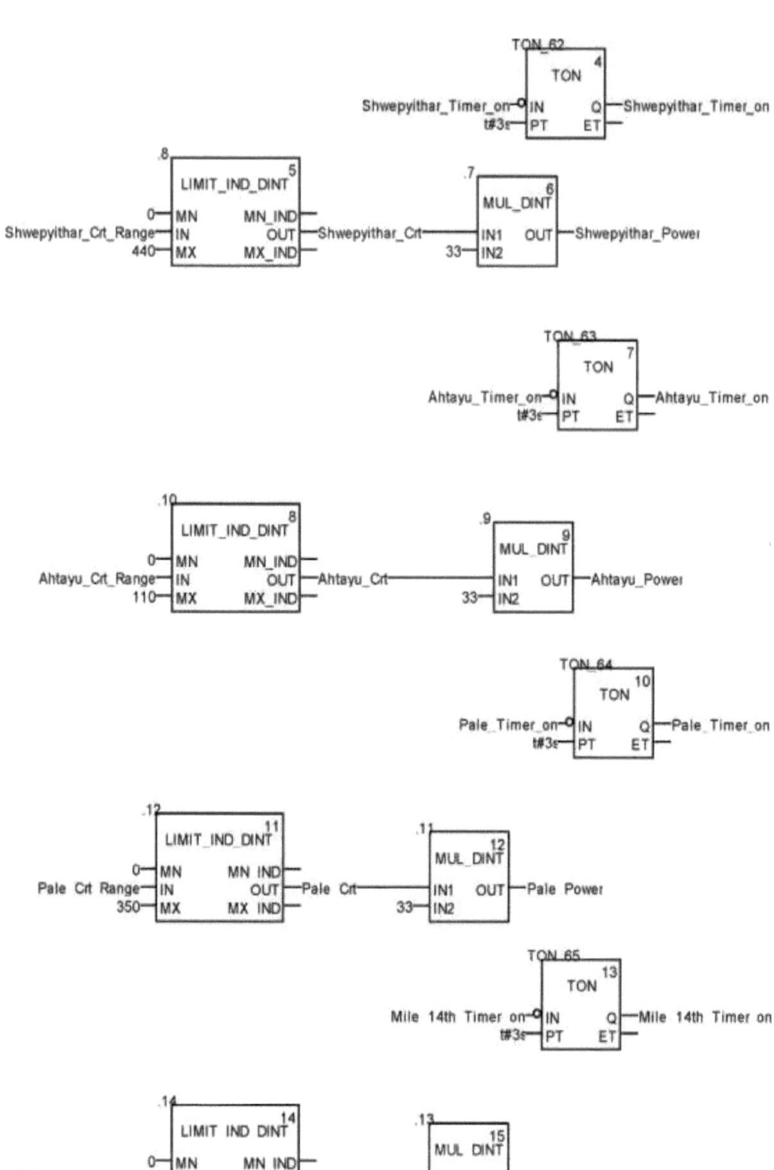

TON_62
TON
4
Shwepyithar_Timer_on
IN
Q
Shwepyithar_Timer_on
t#3s
PT
ET
.8
LIMIT_IND_DINT
5
0
MN
MN_IND
Shwepyithar_Crt_Range
IN
OUT
Shwepyithar_Crt
440
MX
MX_IND
.7
MUL_DINT
6
IN1
OUT
Shwepyithar_Power
33
IN2
TON_63
TON
7
Ahtayu_Timer_on
IN
Q
Ahtayu_Timer_on
t#3s
PT
ET
.10
LIMIT_IND_DINT
8
0
MN
MN_IND
Ahtayu_Crt_Range
IN
OUT
Ahtayu_Crt
110
MX
MX_IND
.9
MUL_DINT
9
IN1
OUT
Ahtayu_Power
33
IN2
TON_64
TON
10
Pale_Timer_on
IN
Q
Pale_Timer_on
t#3s
PT
ET
.12
LIMIT_IND_DINT
11
0
MN
MN_IND
Pale_Crt_Range
IN
OUT
Pale_Crt
350
MX
MX_IND
.11
MUL_DINT
12
IN1
OUT
Pale_Power
33
IN2
TON_65
TON
13
Mile_14th_Timer_on
IN
Q
Mile_14th_Timer_on
t#3s
PT
ET
.14
LIMIT_IND_DINT
14
0
MN
MN_IND
Mile_14th_Crt_Range
IN
OUT
Mile_14th_Crt
550
MX
MX_IND
.13
MUL_DINT
15
IN1
OUT
Mile_14th_Power
33
IN2

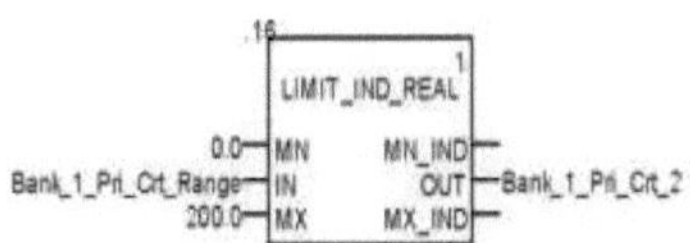
.16
LIMIT_IND_REAL
1
0.0 — MN   MN_IND
Bank_1_Pri_Crt_Range — IN   OUT — Bank_1_Pri_Crt_2
200.0 — MX   MX_IND

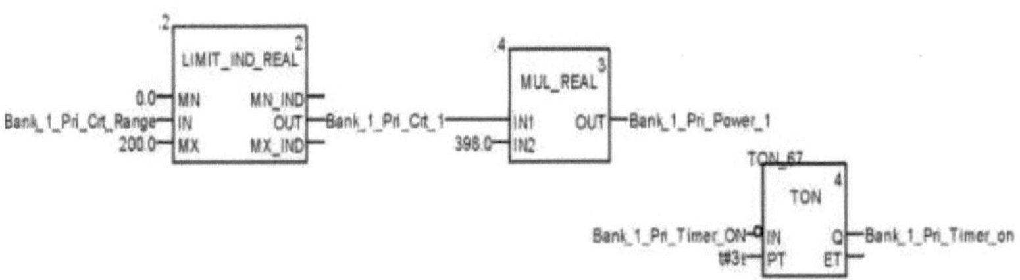
.2
LIMIT_IND_REAL
2
0.0 — MN   MN_IND
Bank_1_Pri_Crt_Range — IN   OUT — Bank_1_Pri_Crt_1
200.0 — MX   MX_IND

.4
MUL_REAL
3
IN1   OUT — Bank_1_Pri_Power_1
398.0 — IN2

TON_67
TON
4
Bank_1_Pri_Timer_ON — IN   Q — Bank_1_Pri_Timer_on
t#3s — PT   ET

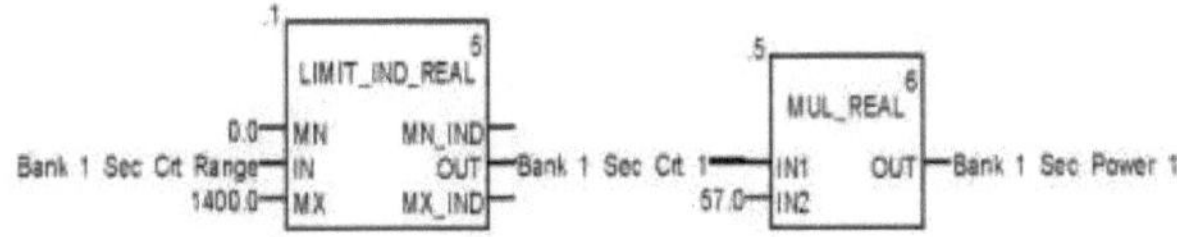
.1
LIMIT_IND_REAL
6
0.0 — MN   MN_IND
Bank 1 Sec Crt Range — IN   OUT — Bank 1 Sec Crt 1
1400.0 — MX   MX_IND

.5
MUL_REAL
6
IN1   OUT — Bank 1 Sec Power 1
57.0 — IN2

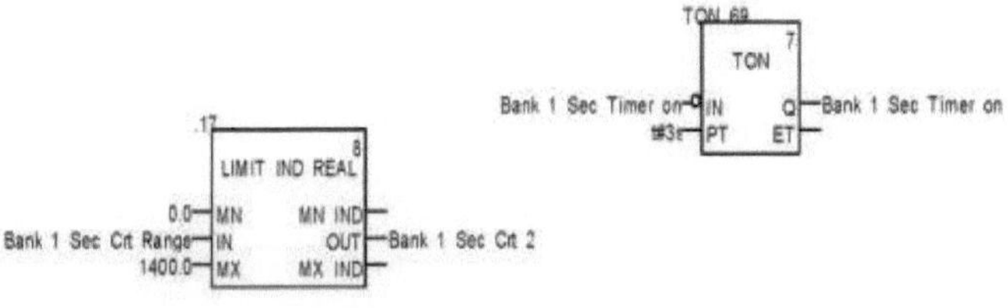
TON_69
TON
7
Bank 1 Sec Timer on — IN   Q — Bank 1 Sec Timer on
t#3s — PT   ET

.17
LIMIT IND REAL
8
0.0 — MN   MN IND
Bank 1 Sec Crt Range — IN   OUT — Bank 1 Sec Crt 2
1400.0 — MX   MX IND

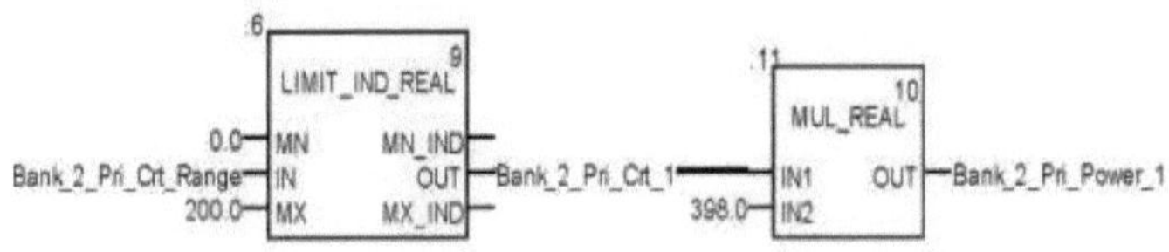
.6
LIMIT_IND_REAL
9
0.0 — MN   MN_IND
Bank_2_Pri_Crt_Range — IN   OUT — Bank_2_Pri_Crt_1
200.0 — MX   MX_IND

.11
MUL_REAL
10
IN1   OUT — Bank_2_Pri_Power_1
398.0 — IN2

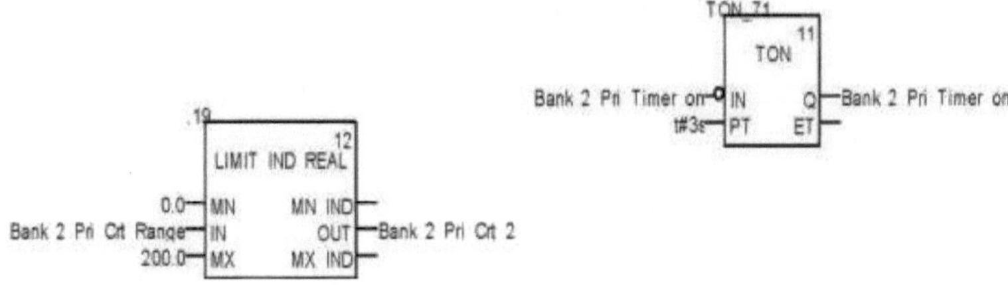
TON_71
TON
11
Bank 2 Pri Timer on — IN   Q — Bank 2 Pri Timer on
t#3s — PT   ET

.19
LIMIT IND REAL
12
0.0 — MN   MN IND
Bank 2 Pri Crt Range — IN   OUT — Bank 2 Pri Crt 2
200.0 — MX   MX IND

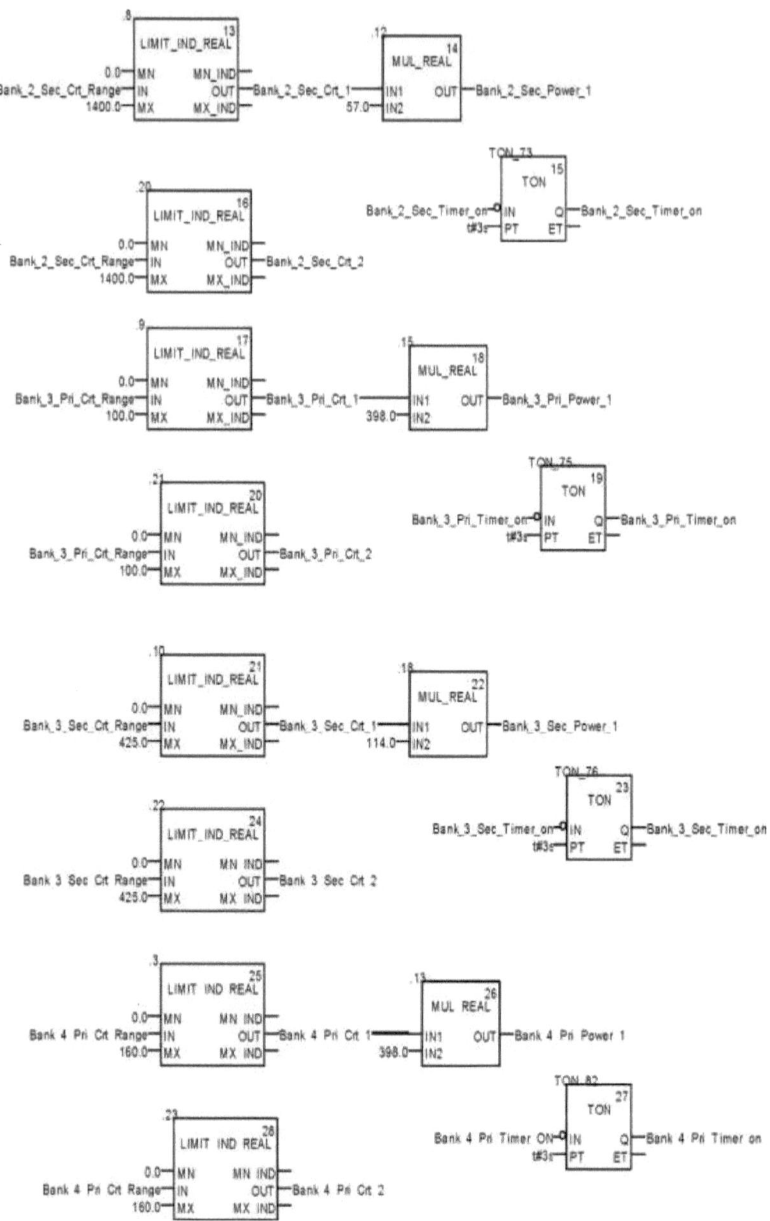

LIMIT_IND_REAL
.8
13
0.0 MN MN_IND
Bank_2_Sec_Crt_Range IN OUT Bank_2_Sec_Crt_1
1400.0 MX MX_IND
MUL_REAL
.12
14
IN1 OUT Bank_2_Sec_Power_1
57.0 IN2
TON_73
TON
15
Bank_2_Sec_Timer_on IN Q Bank_2_Sec_Timer_on
t#3s PT ET
LIMIT_IND_REAL
.20
16
0.0 MN MN_IND
Bank_2_Sec_Crt_Range IN OUT Bank_2_Sec_Crt_2
1400.0 MX MX_IND
LIMIT_IND_REAL
.9
17
0.0 MN MN_IND
Bank_3_Pri_Crt_Range IN OUT Bank_3_Pri_Crt_1
100.0 MX MX_IND
MUL_REAL
.15
18
IN1 OUT Bank_3_Pri_Power_1
398.0 IN2
TON_75
TON
19
Bank_3_Pri_Timer_on IN Q Bank_3_Pri_Timer_on
t#3s PT ET
LIMIT_IND_REAL
.21
20
0.0 MN MN_IND
Bank_3_Pri_Crt_Range IN OUT Bank_3_Pri_Crt_2
100.0 MX MX_IND
LIMIT_IND_REAL
.10
21
0.0 MN MN_IND
Bank_3_Sec_Crt_Range IN OUT Bank_3_Sec_Crt_1
425.0 MX MX_IND
MUL_REAL
.18
22
IN1 OUT Bank_3_Sec_Power_1
114.0 IN2
TON_76
TON
23
Bank_3_Sec_Timer_on IN Q Bank_3_Sec_Timer_on
t#3s PT ET
LIMIT_IND_REAL
.22
24
0.0 MN MN_IND
Bank_3_Sec_Crt_Range IN OUT Bank_3_Sec_Crt_2
425.0 MX MX_IND
LIMIT_IND_REAL
.3
25
0.0 MN MN_IND
Bank_4_Pri_Crt_Range IN OUT Bank_4_Pri_Crt_1
160.0 MX MX_IND
MUL_REAL
.13
26
IN1 OUT Bank_4_Pri_Power_1
398.0 IN2
TON_82
TON
27
Bank_4_Pri_Timer_ON IN Q Bank_4_Pri_Timer_on
t#3s PT ET
LIMIT_IND_REAL
.23
26
0.0 MN MN_IND
Bank_4_Pri_Crt_Range IN OUT Bank_4_Pri_Crt_2
160.0 MX MX_IND

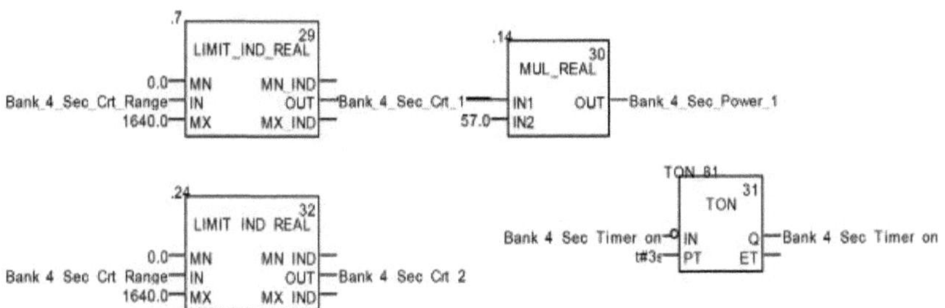

.7
LIMIT_IND_REAL
29
0.0 MN MN_IND
Bank_4_Sec_Crt_Range IN OUT Bank_4_Sec_Crt_1
1640.0 MX MX_IND
.14
MUL_REAL
30
IN1 OUT Bank_4_Sec_Power_1
57.0 IN2
.24
LIMIT IND REAL
32
0.0 MN MN IND
Bank 4 Sec Crt Range IN OUT Bank 4 Sec Crt 2
1640.0 MX MX IND
TON_81
TON
31
Bank 4 Sec Timer on IN Q Bank 4 Sec Timer on
t#3s PT ET

4. PROTECÇÃO DIFERENCIAL DOS TRANSFORMADORES

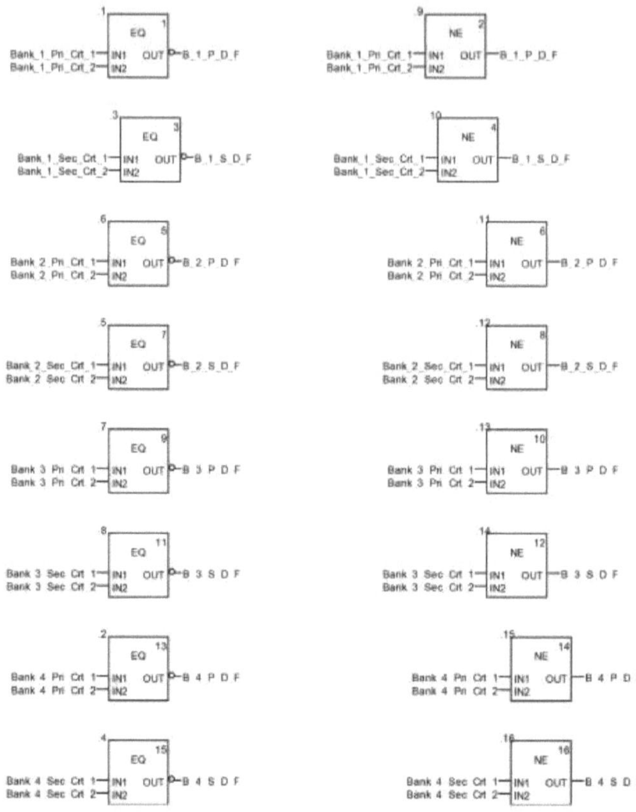

5. ajuste de corrente para barramento de 230kV

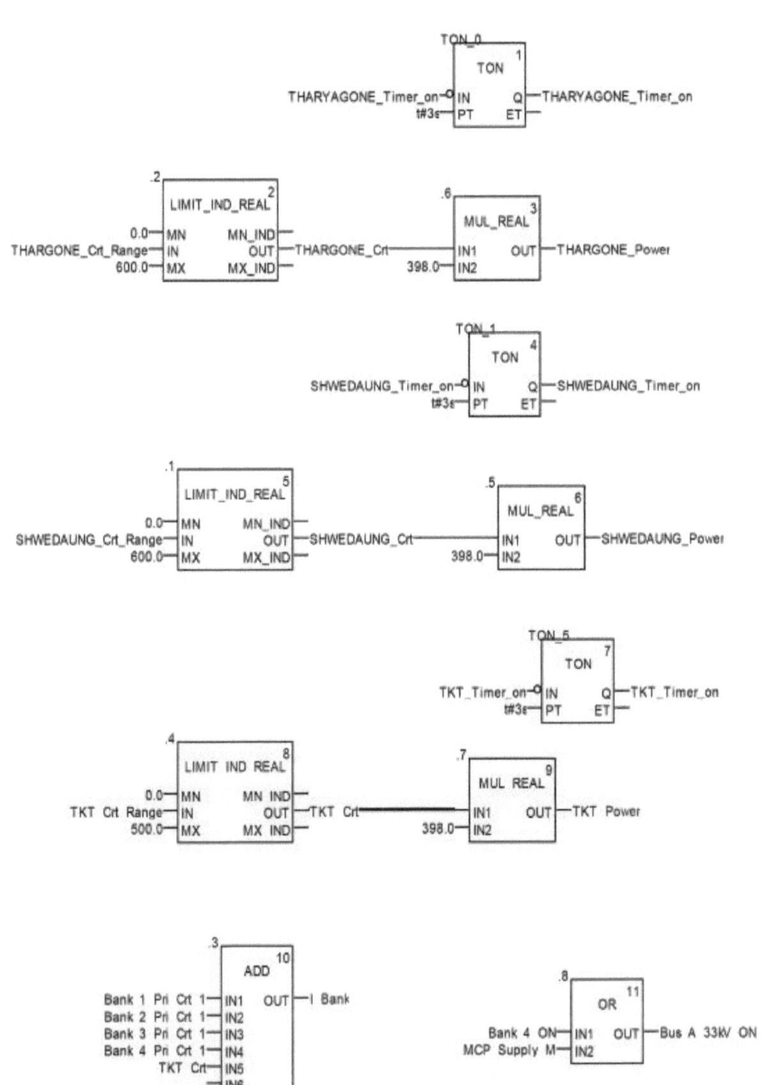

6. GT 1, 2 E MCP 1

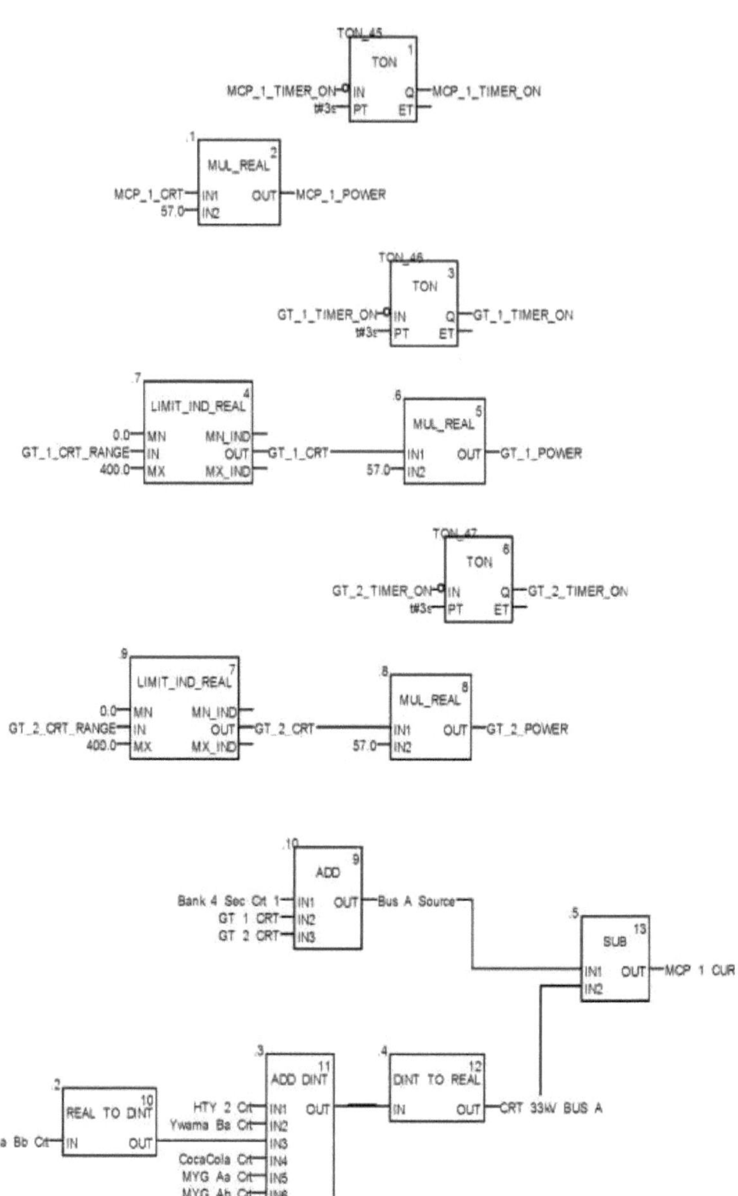

TON_45
TON
1
MCP_1_TIMER_ON IN Q MCP_1_TIMER_ON
t#3s PT ET
.1
MUL_REAL
2
MCP_1_CRT IN1 OUT MCP_1_POWER
57.0 IN2
TON_46
TON
3
GT_1_TIMER_ON IN Q GT_1_TIMER_ON
t#3s PT ET
.7
LIMIT_IND_REAL
4
0.0 MN MN_IND
GT_1_CRT_RANGE IN OUT GT_1_CRT
400.0 MX MX_IND
.6
MUL_REAL
5
IN1 OUT GT_1_POWER
57.0 IN2
TON_47
TON
6
GT_2_TIMER_ON IN Q GT_2_TIMER_ON
t#3s PT ET
.9
LIMIT_IND_REAL
7
0.0 MN MN_IND
GT_2_CRT_RANGE IN OUT GT_2_CRT
400.0 MX MX_IND
.8
MUL_REAL
8
IN1 OUT GT_2_POWER
57.0 IN2
.10
ADD
9
Bank 4 Sec Crt 1 IN1 OUT Bus A Source
GT 1 CRT IN2
GT 2 CRT IN3
.5
SUB
13
IN1 OUT MCP 1 CUR
IN2
.3
ADD DINT
11
HTY 2 Crt IN1 OUT
Ywama Ba Crt IN2
IN3
CocaCola Crt IN4
MYG Aa Crt IN5
MYG Ab Crt IN6
.4
DINT TO REAL
12
IN OUT CRT 33kV BUS A
.2
REAL TO DINT
10
Ywama Bb Crt IN OUT

7. GT 3 E MCP 2

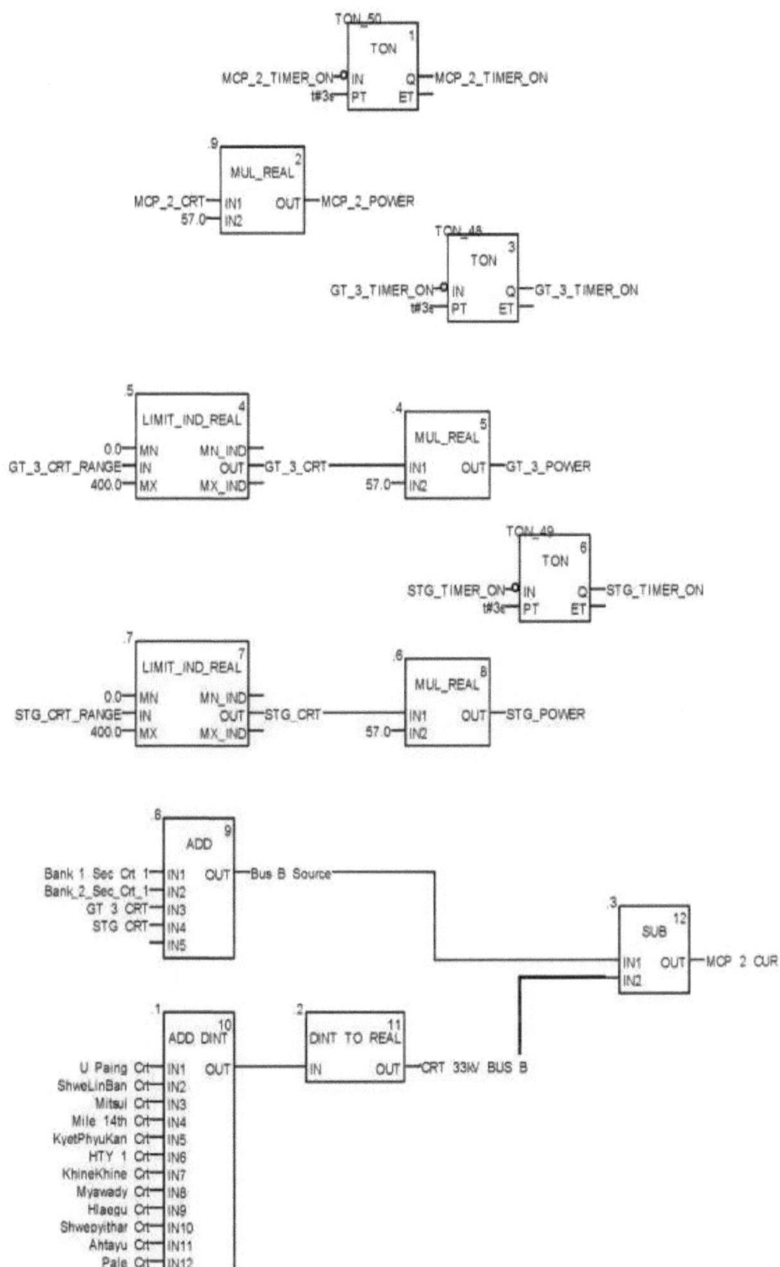

APÊNDICE C

DIAGRAMAS DE ESCADA PARA A DISTRIBUIÇÃO DE THARKAYTA E HLAWGA

SUBESTAÇÕES

I. SUBESTAÇÃO DE DISTRIBUIÇÃO DE THARKAYTA

A. Linha 230 kV

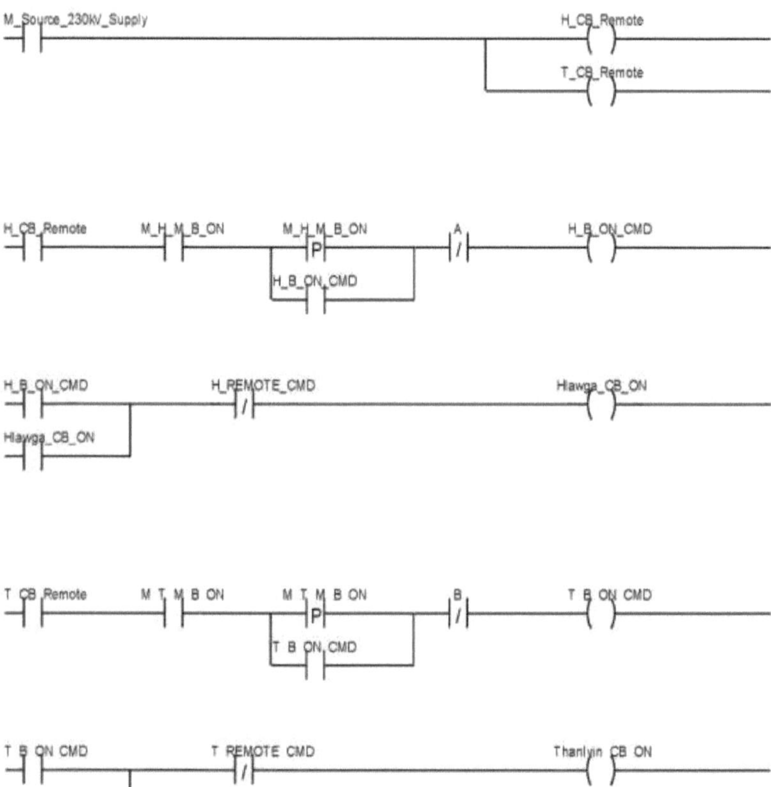

B. TRANSFORMADOR 1 ALIMENTADOR

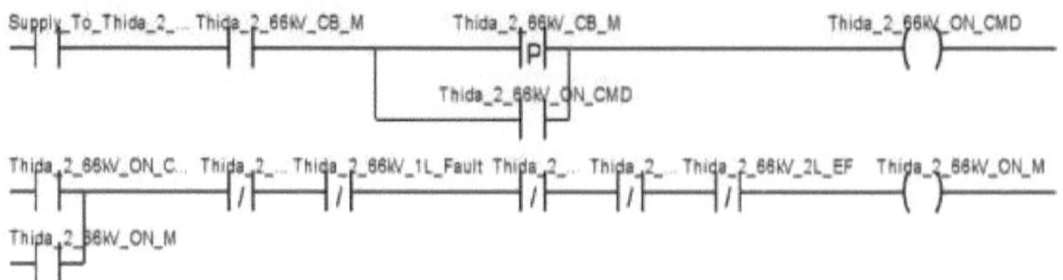

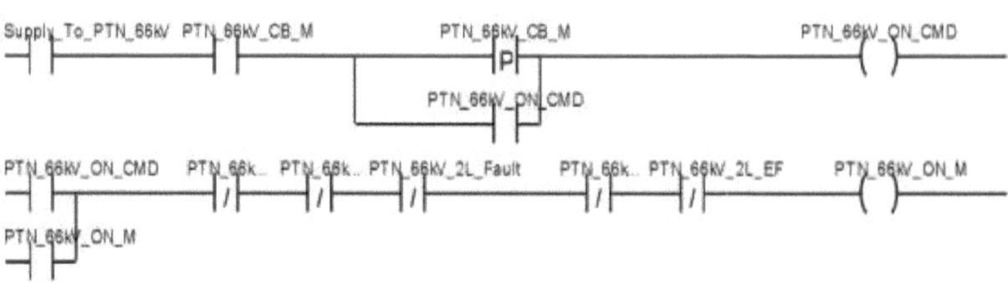

C. BANCO DE TRANSFORMADORES 2 ALIMENTADORES

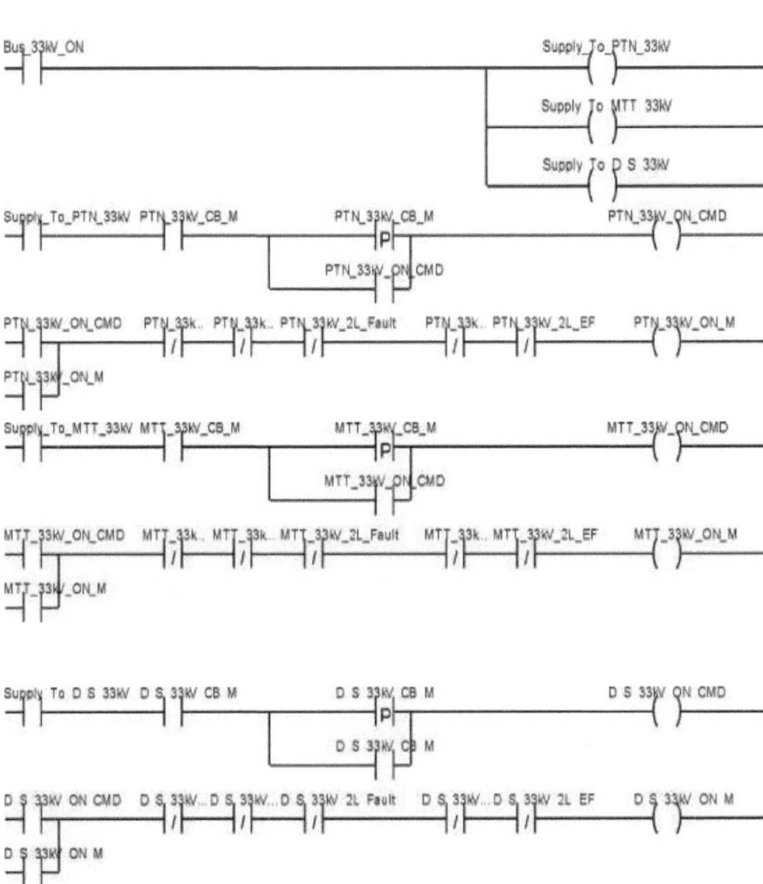

D. BANCO DE TRANSFORMADORES 3 ALIMENTADORES

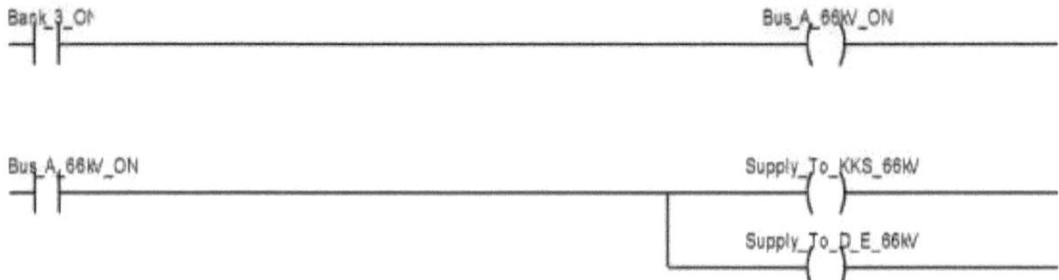

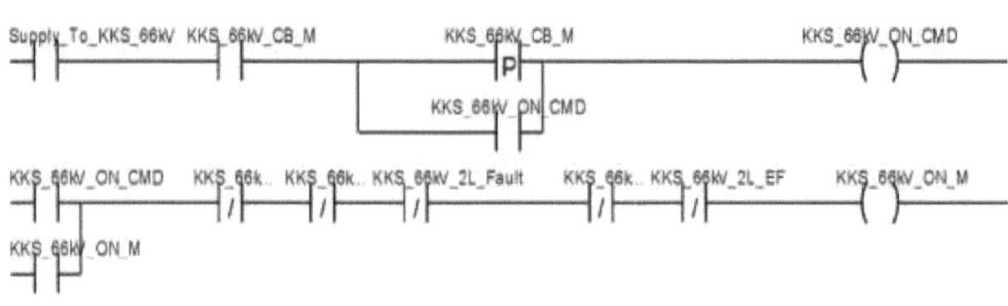

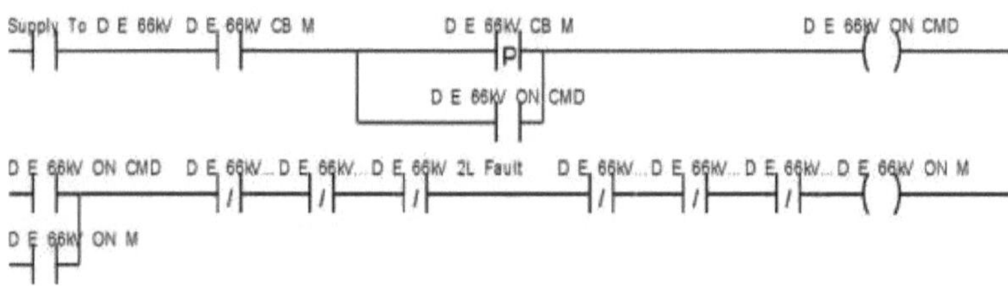

E.   BANCO DE TRANSFORMADORES 4 ALIMENTADORES

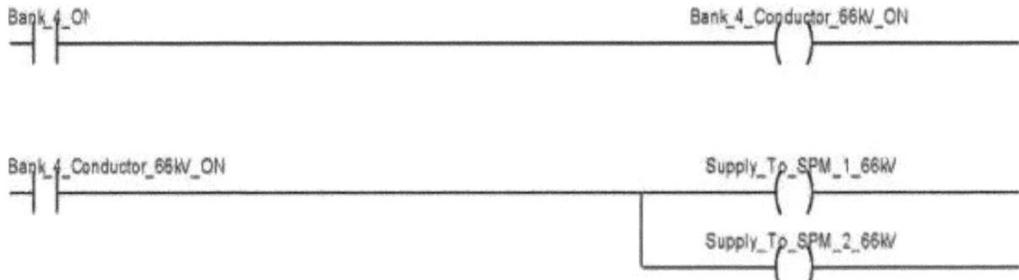

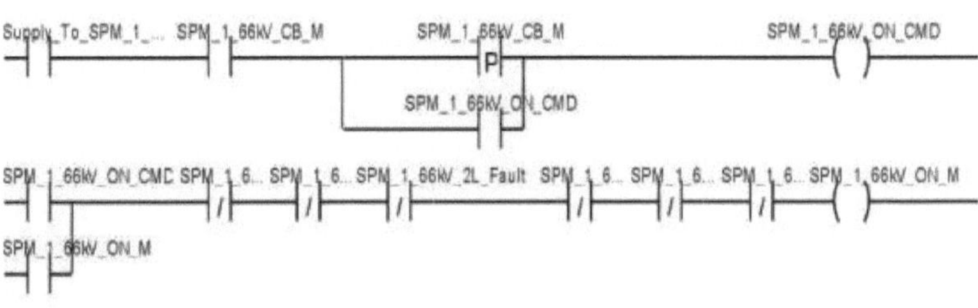

F. BANCO DE TRANSFORMADORES 5 ALIMENTADORES

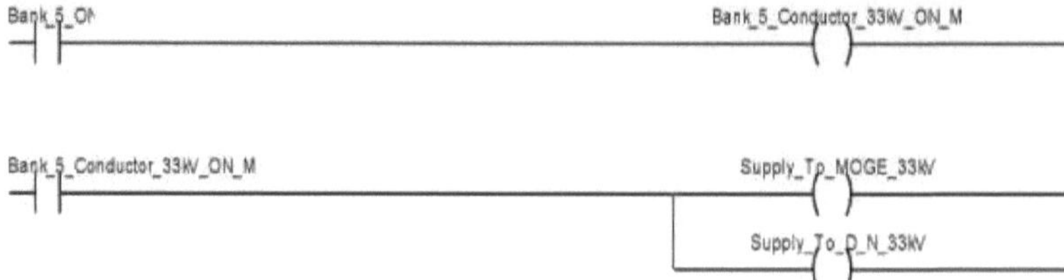

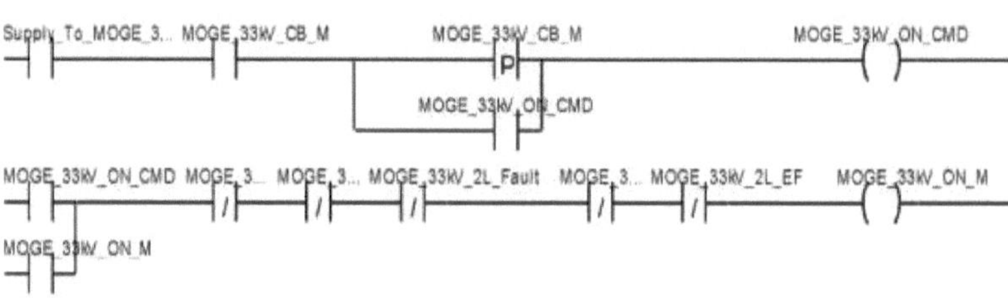

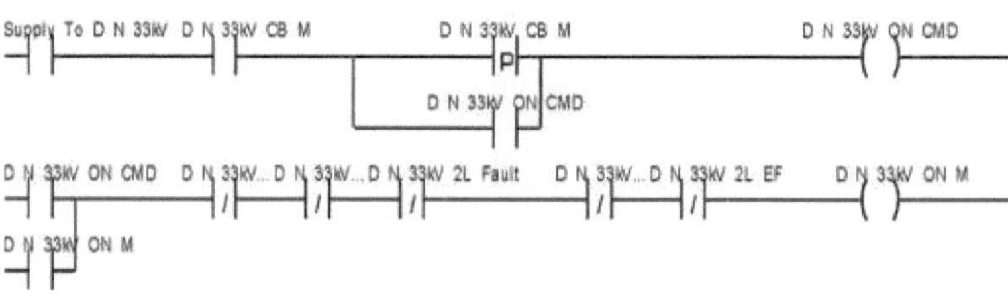

G. alimentadores de 66 kV

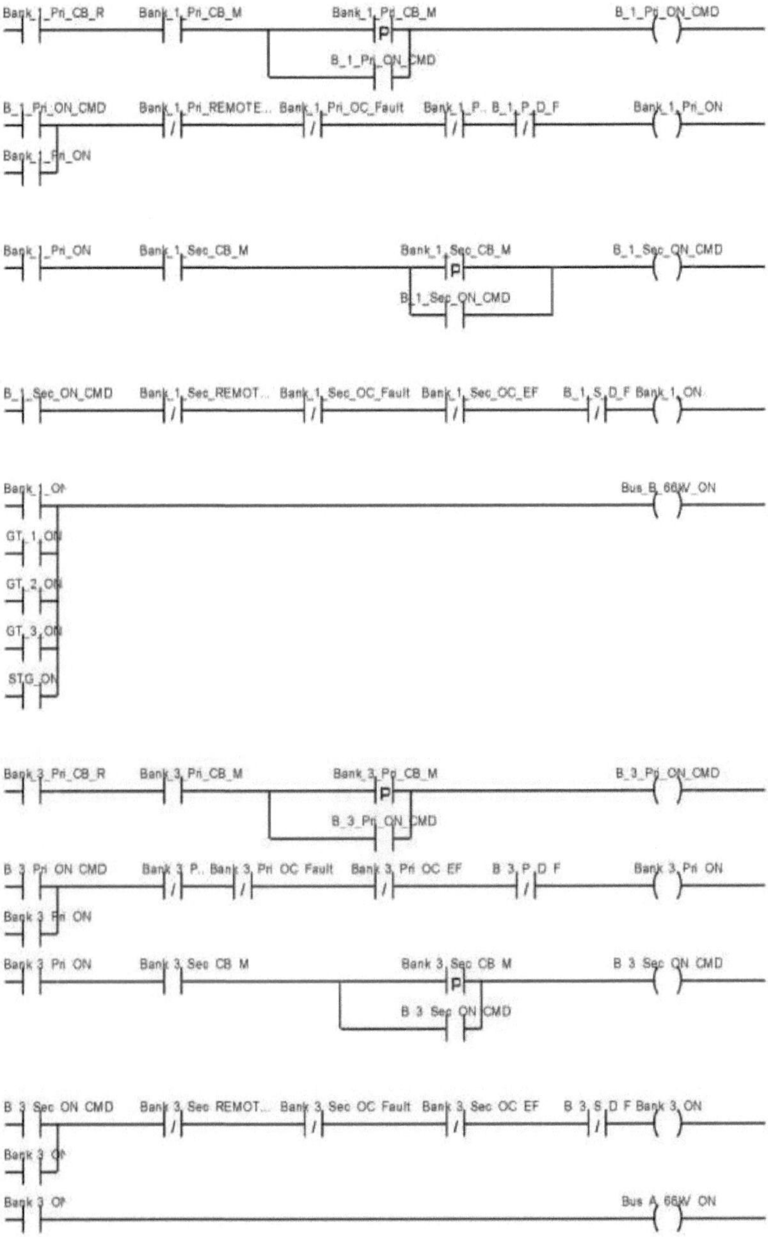

Bank_1_Pri_CB_R   Bank_1_Pri_CB_M   Bank_1_Pri_CB_M   B_1_Pri_ON_CMD
B_1_Pri_ON_CMD

B_1_Pri_ON_CMD   Bank_1_Pri_REMOTE...   Bank_1_Pri_OC_Fault   Bank_1_P..   B_1_P_D_F   Bank_1_Pri_ON
Bank_1_Pri_ON

Bank_1_Pri_ON   Bank_1_Sec_CB_M   Bank_1_Sec_CB_M   B_1_Sec_ON_CMD
B_1_Sec_ON_CMD

B_1_Sec_ON_CMD   Bank_1_Sec_REMOT...   Bank_1_Sec_OC_Fault   Bank_1_Sec_OC_EF   B_1_S_D_F   Bank_1_ON

Bank_1_ON   Bus_B_66W_ON
GT_1_ON
GT_2_ON
GT_3_ON
STG_ON

Bank_3_Pri_CB_R   Bank_3_Pri_CB_M   Bank_3_Pri_CB_M   B_3_Pri_ON_CMD
B_3_Pri_ON_CMD

B_3_Pri_ON_CMD   Bank_3_P..   Bank_3_Pri_OC_Fault   Bank_3_Pri_OC_EF   B_3_P_D_F   Bank_3_Pri_ON
Bank_3_Pri_ON

Bank_3_Pri_ON   Bank_3_Sec_CB_M   Bank_3_Sec_CB_M   B_3_Sec_ON_CMD
B_3_Sec_ON_CMD

B_3_Sec_ON_CMD   Bank_3_Sec_REMOT...   Bank_3_Sec_OC_Fault   Bank_3_Sec_OC_EF   B_3_S_D_F   Bank_3_ON
Bank_3_ON

Bank_3_ON   Bus_A_66W_ON

Bank_4_Pri_CB_R Bank_4_Pri_CB_M Bank_4_Pri_CB_M B_4_Pri_ON_CMD
B_4_Pri_ON_CMD

B_4_Pri_ON_CMD Bank_4_Pri_REMOTE... Bank_4_Pri_OC_Fault Bank_4_P.. B_4_P_D_F Bank_4_Pri_ON
Bank_4_Pri_ON

Bank_4_Pri_ON Bank_4_Sec_CB_M Bank_4_Sec_CB_M B_4_Sec_ON_CMD
B_4_Sec_ON_CMD

B_4_Sec_ON_CMD Bank_4_Sec_REMOT... Bank_4_Sec_OC_Fault Bank_4_Sec_OC_EF B_4_S_D_F Bank_4_ON
Bank_4_ON

Bank_4_ON Bank 4 Conductor 66kV ON

H. GT SUPPLY

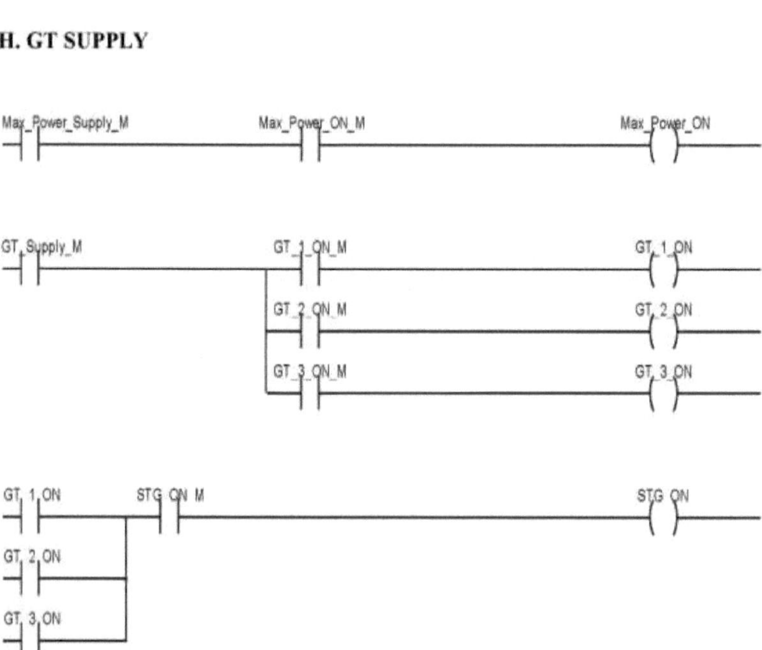

I. alimentadores de 33 kV

II. SUBESTAÇÃO DE DISTRIBUIÇÃO DE HLAWGA

Linha A.230 kV

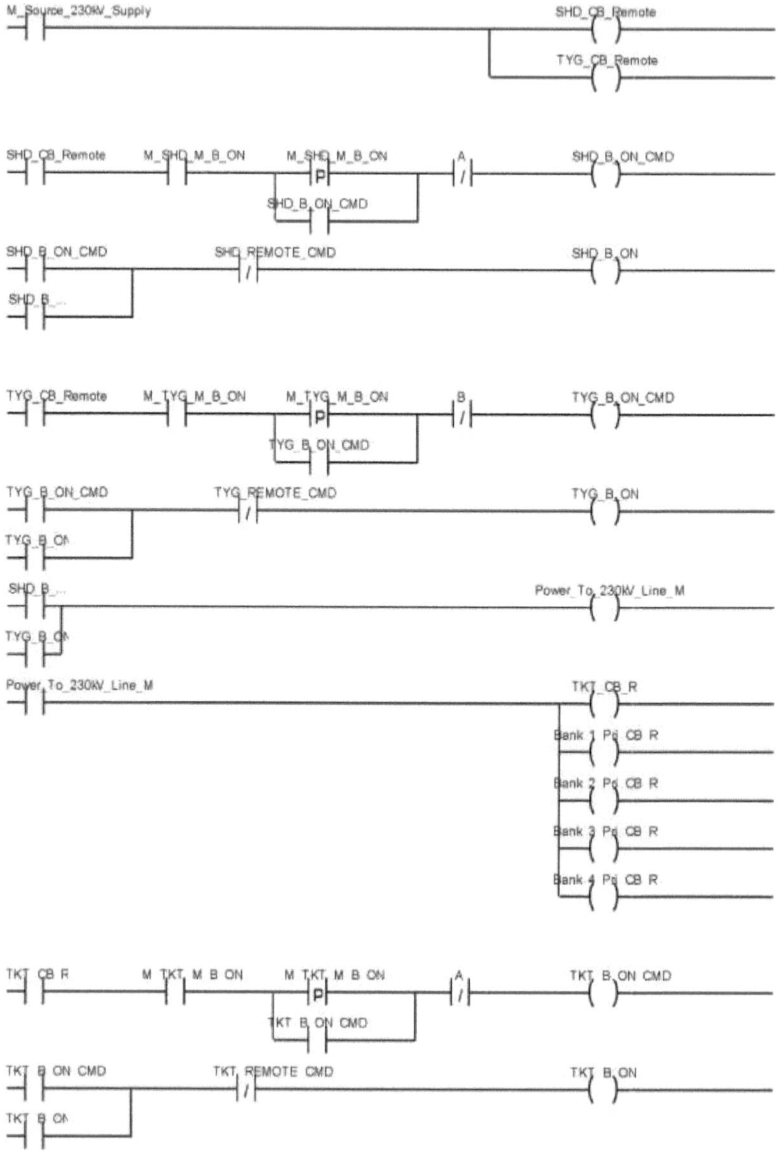

B. LINHA DE 66 kV

C.33kV LINE

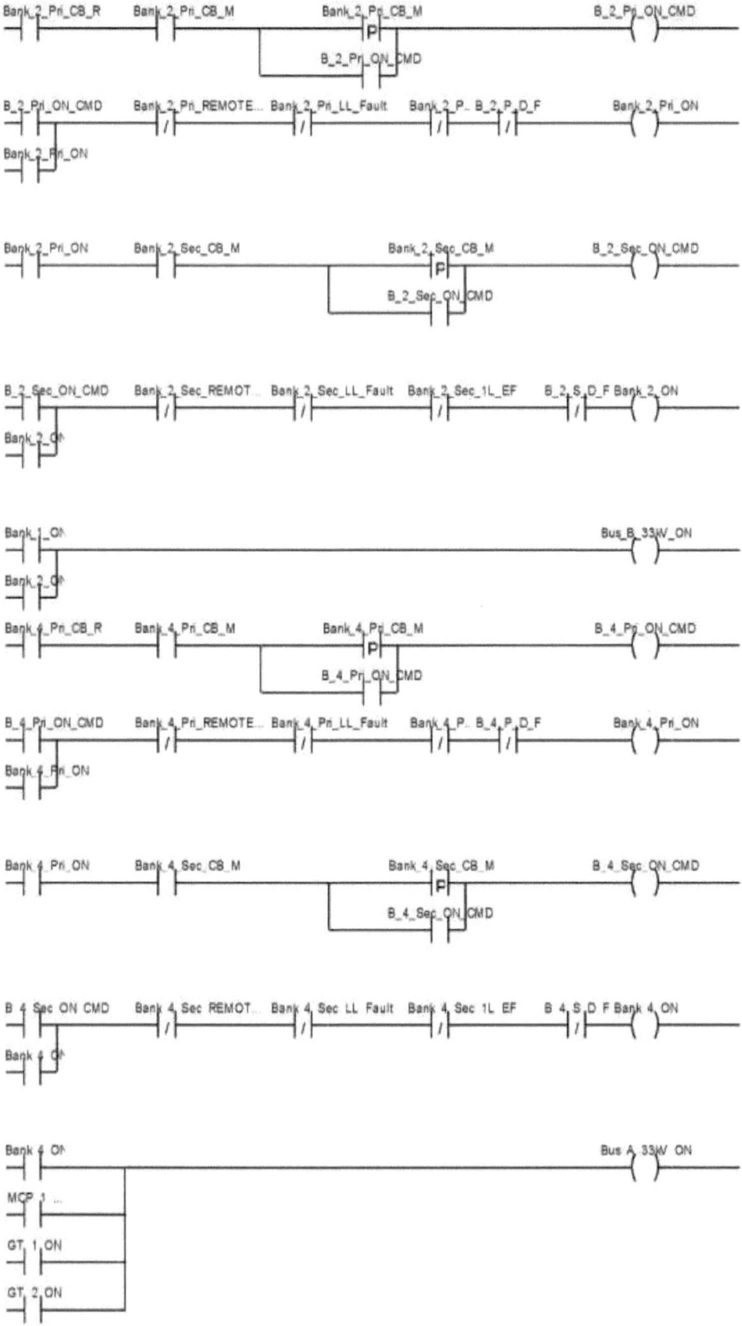

202

D. alimentadores de 33kV BUSA

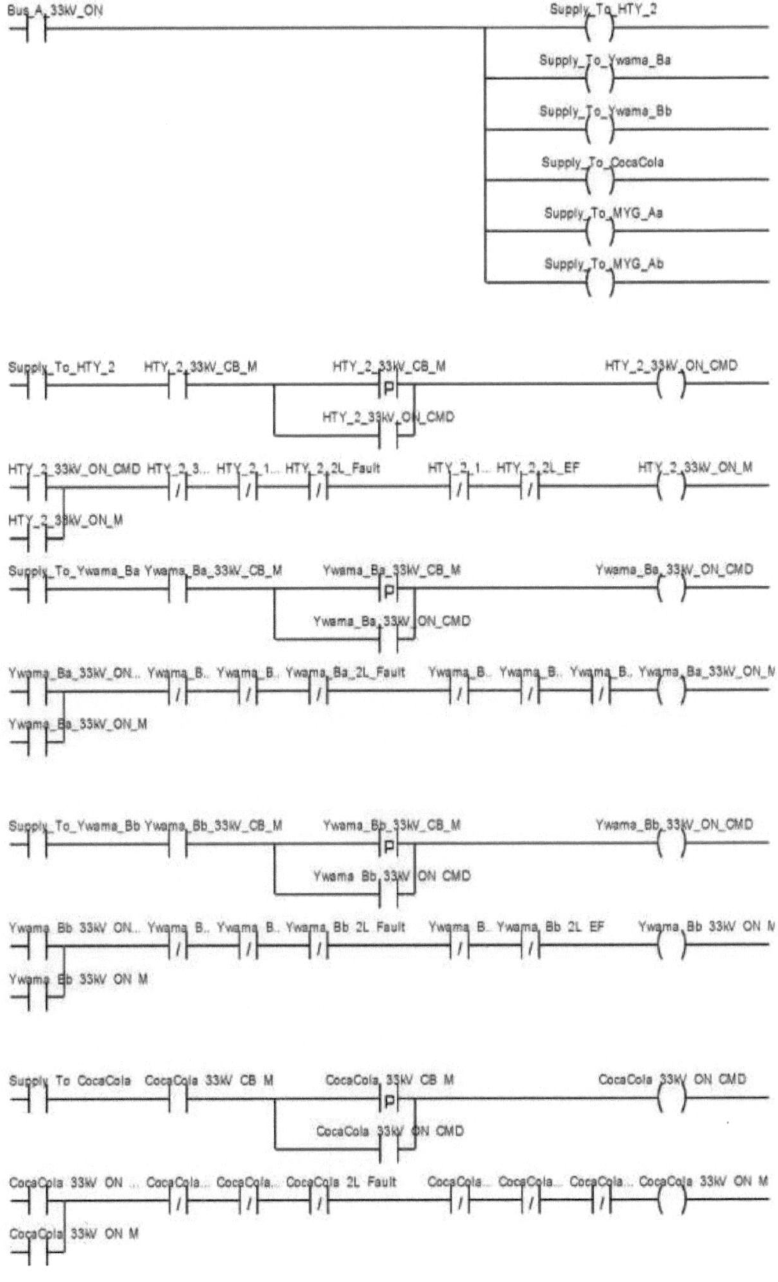

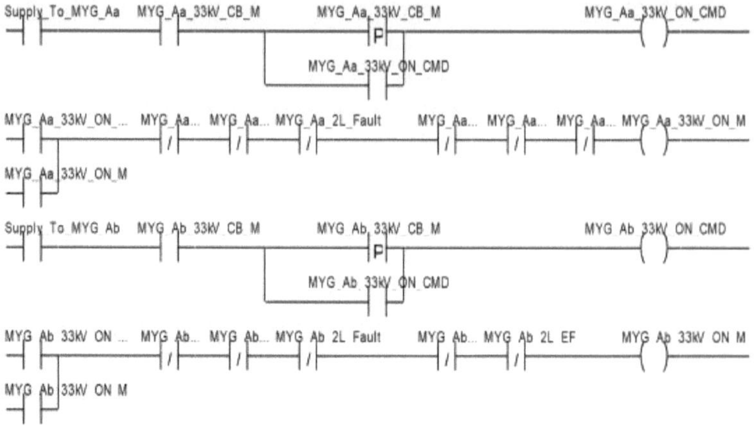

E. BUS_B 33kV FEEDERS

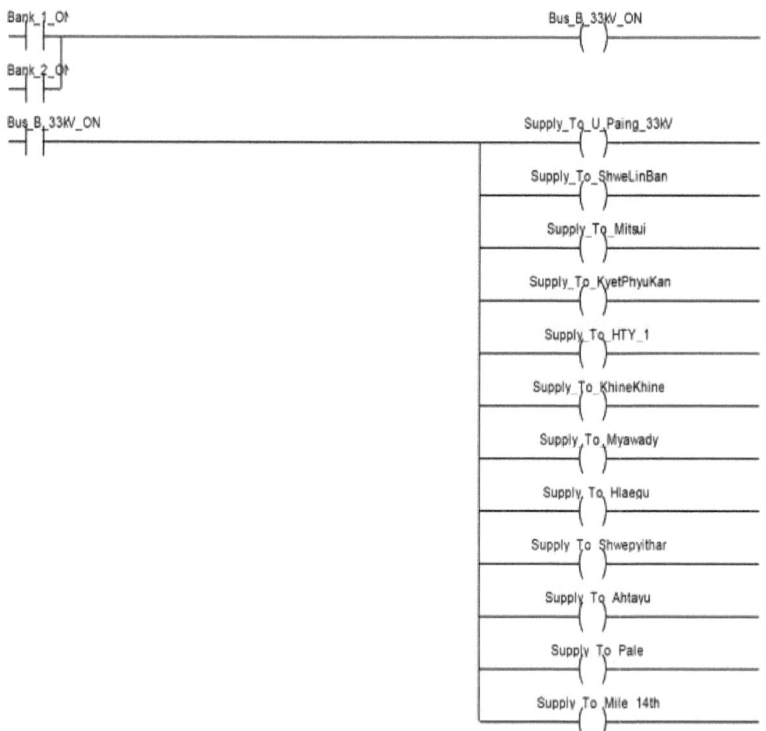

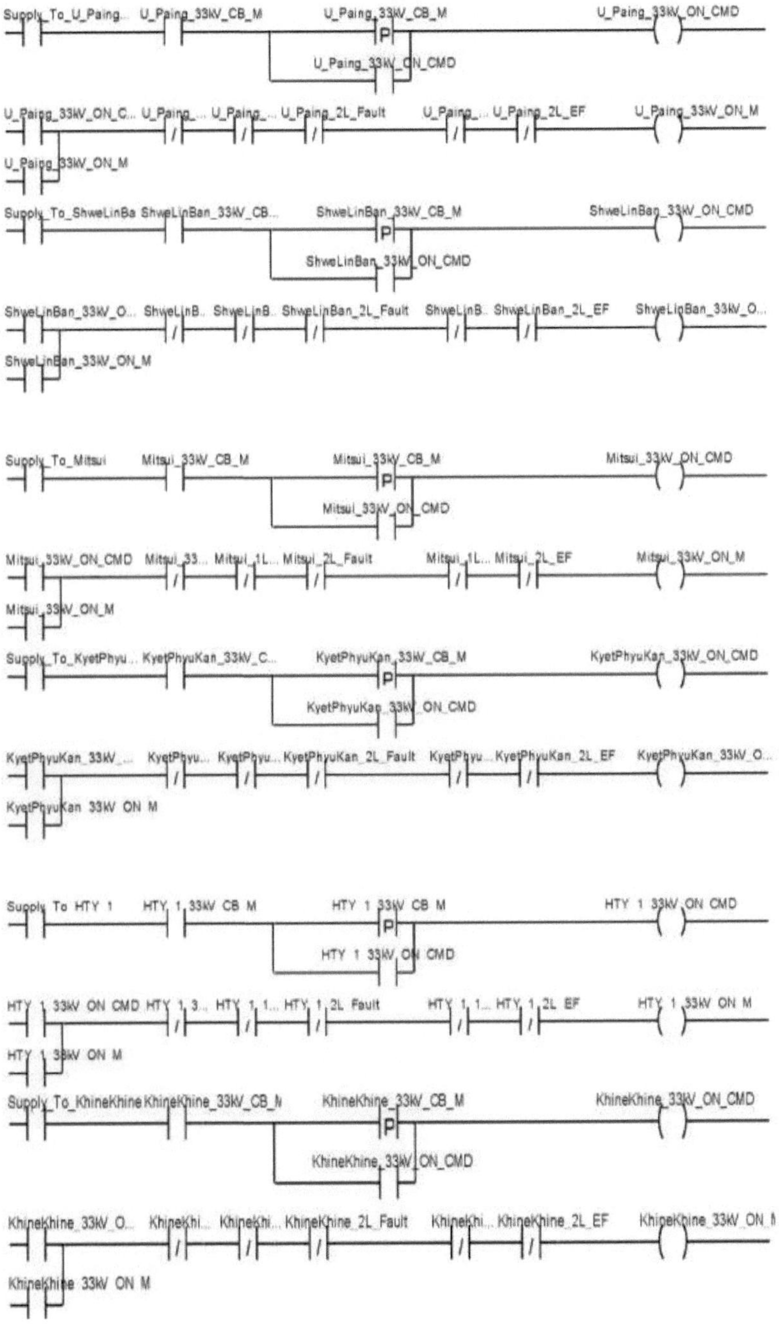

Supply_To_U_Paing...   U_Paing_33kV_CB_M   U_Paing_33kV_CB_M   U_Paing_33kV_ON_CMD
U_Paing_33kV_ON_CMD
U_Paing_33kV_ON_C...   U_Paing...   U_Paing...   U_Paing_2L_Fault   U_Paing...   U_Paing_2L_EF   U_Paing_33kV_ON_M
U_Paing_33kV_ON_M
Supply_To_ShweLinBa   ShweLinBan_33kV_CB...   ShweLinBan_33kV_CB_M   ShweLinBan_33kV_ON_CMD
ShweLinBan_33kV_ON_CMD
ShweLinBan_33kV_O...   ShweLinB...   ShweLinB...   ShweLinBan_2L_Fault   ShweLinB...   ShweLinBan_2L_EF   ShweLinBan_33kV_O...
ShweLinBan_33kV_ON_M
Supply_To_Mitsui   Mitsui_33kV_CB_M   Mitsui_33kV_CB_M   Mitsui_33kV_ON_CMD
Mitsui_33kV_ON_CMD
Mitsui_33kV_ON_CMD   Mitsui_33...   Mitsui_1L...   Mitsui_2L_Fault   Mitsui_1L...   Mitsui_2L_EF   Mitsui_33kV_ON_M
Mitsui_33kV_ON_M
Supply_To_KyetPhyu...   KyetPhyuKan_33kV_C...   KyetPhyuKan_33kV_CB_M   KyetPhyuKan_33kV_ON_CMD
KyetPhyuKan_33kV_ON_CMD
KyetPhyuKan_33kV_...   KyetPhyu...   KyetPhyu...   KyetPhyuKan_2L_Fault   KyetPhyu...   KyetPhyuKan_2L_EF   KyetPhyuKan_33kV_O...
KyetPhyuKan 33kV ON M
Supply To HTY 1   HTY 1 33kV CB M   HTY 1 33kV CB M   HTY 1 33kV ON CMD
HTY 1 33kV ON CMD
HTY 1 33kV ON CMD   HTY 1 3...   HTY 1 1...   HTY 1 2L Fault   HTY 1 1...   HTY 1 2L EF   HTY 1 33kV ON M
HTY 1 33kV ON M
Supply_To_KhineKhine   KhineKhine_33kV_CB_M   KhineKhine_33kV_CB_M   KhineKhine_33kV_ON_CMD
KhineKhine_33kV_ON_CMD
KhineKhine_33kV_O...   KhineKhi...   KhineKhi...   KhineKhine_2L_Fault   KhineKhi...   KhineKhine_2L_EF   KhineKhine_33kV_ON_M
KhineKhine 33kV ON M

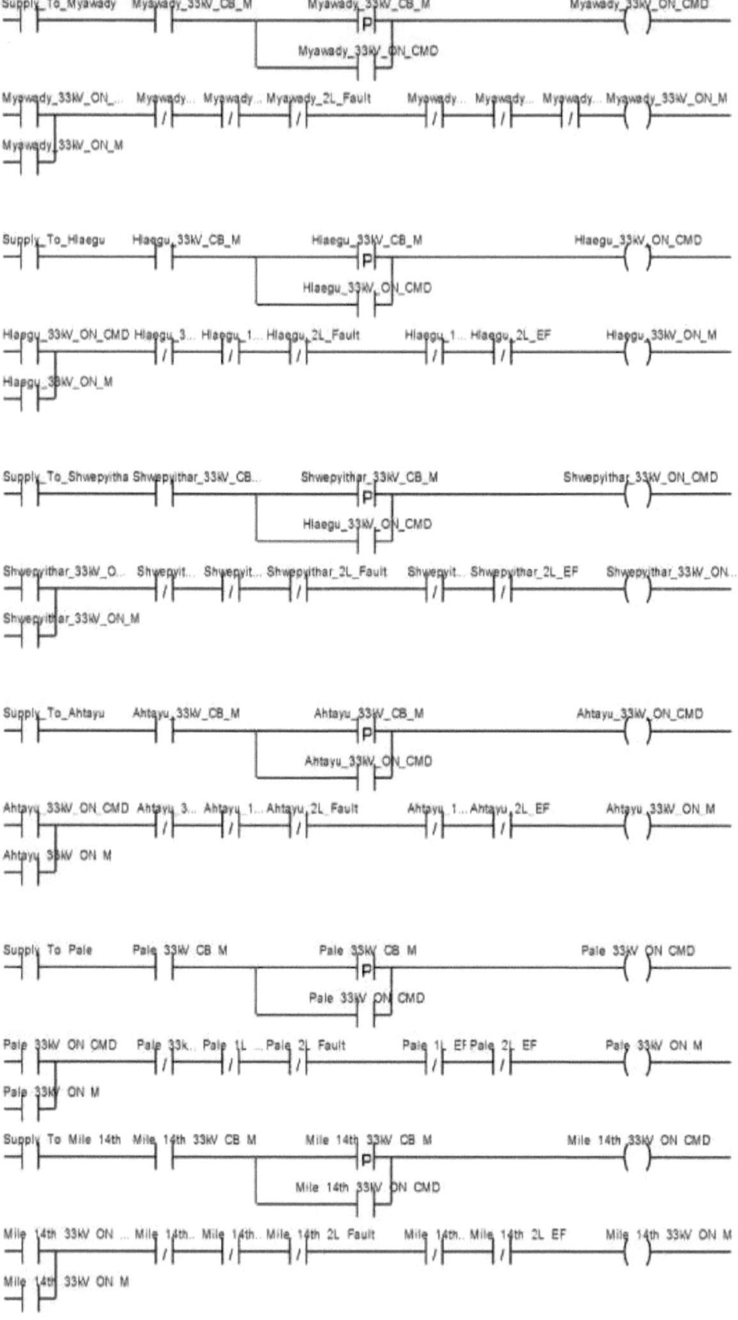

F. GT E CIM

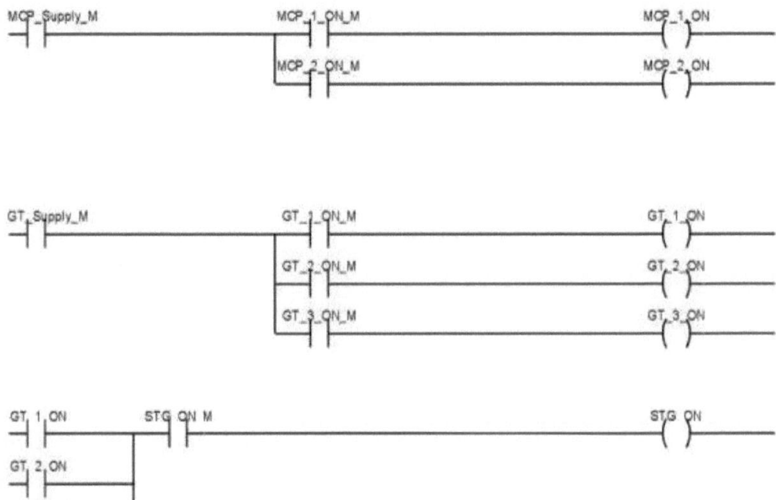

Printed by Books on Demand GmbH, Norderstedt / Germany